总指导　王思德　杜德进　蒋　波

超级坝群集约化安全监控和监督关键技术

刘　涵　苟廷仙　冯　涛　等著

黄河水利出版社
·郑州·

图书在版编目(CIP)数据

超级坝群集约化安全监控和监督关键技术/刘涵等著.—郑州:黄河水利出版社,2023.11

ISBN 978-7-5509-3544-0

Ⅰ.①超… Ⅱ.①刘… Ⅲ.①大坝-安全监测 Ⅳ.①TV698.1

中国国家版本馆 CIP 数据核字(2023)第 241990 号

超级坝群集约化安全监控和监督关键技术

刘涵 等

审稿:席红兵 13592608739

责任编辑 景泽龙　　责任校对 王单飞

封面设计 张心怡　　责任监制 常红昕

出版发行 黄河水利出版社

地址:河南省郑州市顺河路 49 号　邮政编码:450003

网址:www.yrcp.com　E-mail:hhslcbs@126.com

发行部电话:0371-66020550

承印单位 河南新华印刷集团有限公司

开　　本 787 mm×1092 mm 1/16

印　　张 8.75

字　　数 202 千字

版次印次 2023 年 11 月第 1 版　2023 年 11 月第 1 次印刷

定　　价 78.00 元

《超级坝群集约化安全监控和监督关键技术》

编委会

总指导： 王思德　杜德进　蒋　波

作　者： 刘　涵　苟廷仙　冯　涛　丁慧琳

马　宁　查　龙　李长和　赵寿昌

张桂菊　杨　鸽　张　毅　李　娜

周　涛　贾国珍　柳　翔

前言

以水为邻，傍水而居，水是生命之源，亦是人类文明的起源。大坝是水利水电发展最重要的标志，历史上没有明确记载第一座大坝何时产生，但公认中国、印度、埃及等是最早建设大坝的国家。中国是洪旱灾害频发的国家，从五千年前的随山浚川，再到如今的水利工程，中国治水的历史源远流长。最早见诸文字的大坝是建于公元前598至前591年间的安徽省寿县的安丰塘坝，坝高6.5 m，库容约9 070万 m^3，经多次修复和更新改造，至今已运行2 600多年。改革开放以后，随着我国水电开发事业的不断推进，一系列世界级水电工程和高坝大库逐步在国内建成，我国大坝数量雄居全球之首，筑坝技术也处于世界领先水平。已建的三峡大坝（高181 m）、锦屏一级混凝土双曲拱坝（高305 m）、水布垭混凝土面板堆石坝（高233 m）和在建的白鹤滩混凝土双曲拱坝（高289 m）等均代表了当今世界筑坝技术的最高水平。据2020年4月国际大坝委员会登记注册大坝数量统计，中国拥有大坝数量约占全球总量的40.6%，且连续51年保持了世界建坝数量第一的纪录。

我国4.5万余条江河遍布着近10万座水坝，这些大坝是我国农业的命脉、工业的血液，更是国民经济的基础产业，是水安全保障的重要基础支撑，在抗御洪旱灾害、调蓄利用水资源、修复水生态环境、提供清洁能源、应对气候变化等方面发挥着重要作用。但在我国众多水库中，约80%建于20世纪80年代之前，已经运行了40余年。大多地处偏远，分布点多面广，对外交通及通信设施不完善，运行管理水平参差不齐，自动化监控系统比例较低；且95%为小型水库大坝，基本为县级政府或乡镇村组所有，由于大多数地区基层力量薄弱，小型水库大坝管护能力和水平较低，难以实现统一规范管护；且部分大坝限于当时经济技术水平和施工形式，普遍遗留较多工程安全隐患，成为防洪心腹之患、国家水安全的明显短板。

习近平总书记多次作出重要指示批示，强调水库建设和运行务必坚持安全第一，要加强隐患排查预警和消除，“十四五”期间解决防汛中的薄弱环节，确保水库安然无恙。对照新时代党和国家的更高要求，传统的大坝安全管控手段在针对性、时效性方面已不能很好地满足现代企业安全管理需求，面对这样的现状，开展坝群安全管理研究势在必行。

本书针对集团级超级坝群安全监控和监督管理存在的组织结构复杂、监测系统多样化、坝型种类多、集约化难度大等行业性难题，历经4年研发，依托某企业集团境内140座水电站（水库）大坝，运用集约化思路，坚持“统一、集中、融合、共享、安全”的原则，研发了超级坝群集约化大坝运行安全管控的成体系技术并成功应用，促进了现代管理思想、工程技术和信息技术的深度融合，保障了集团级坝群安全管理的高效运行。

本书是在总结近年研究成果的基础上完成的，共包括8章，依次为绪论、国内外大坝安全管理情况及监控现状、超级坝群集约化安全监控和监督总体方案、超级坝群多源信息集成和融合技术、超级坝群集约化安全监控技术、超级坝群集约化监督技术、超级坝群集约化安全监控和监督管理平台建设、结束语。主要从以下6个部分进行了研究：

(1)通过调研了解国内外大坝安全管理的现状，分析行业和集团级企业坝群安全管理短板，提出大坝安全集约化监控和监督管理的具体目标，依托集约化总体思路，明确了集团级企业超级坝群集约化大坝安全监控和监督管理的新框架、新体系。

(2)通过研究信息分类规范、信息集成和融合技术，创建了群坝多源数据集成及治理框架服务，有效实现超级坝群多系统数据集成、治理和融合技术的应用，研发了地震数据“瘦身”后用于大坝安全监测新技术。

(3)针对传统大坝安全综合评价工作量巨大、及时性差等问题，结合某大坝原型观测资料及坝体结构运行特点，开展重点工程安全监控快速评估分析研究；针对传统监控技术中预测预报精度差、结构分析周期长等问题，研发了应用于在线监控的BP神经网络技术和有限元模型快速建立计算分析技术。通过将通用监控技术、重点工程监控技术、监控模型技术融合，实现对超级坝群安全监控技术的研发。

(4)针对国内小水电站大坝安全管理基础薄弱、安全隐患风险较大的实际情况，首次研究形成了适合集团级特点的小水电站大坝安全监管全覆盖检查方法和监管体系，建立了一套适用于小水电站大坝安全监管的工作机制，实现了政府与企业监管的无盲区全覆盖。

(5)针对大坝安全风险评价难以将结构状况、运行管理和外部因素综合考虑的难题，采用评价指标一致化以及无量纲化的方法，利用不同性质的指标构建综合评价模型，研发了大坝安全风险排序技术、大坝安全风险分级管控方法。建立了一套适用于不同等级、不同坝型、不同组织的集团级大坝运行安全统一动态监督评价体系。

(6)基于以上关键技术研究，将信息技术、智能算法与大坝安全业务深度融合，建设超级坝群集约化安全监控和监督管理平台，并应用于企业内各单位大坝安全实践中，开发了集管理网站、客户端、现场检查APP、微信公众号和大屏于一体的统一信息平台，实现了超级坝群安全状况的快速评判和即时反馈，完成了大坝安全监控和监督管理由“粗放”向“集约化”、由“单一信息”向“多源信息融合”、由“静态”向“智能动态”的重要升级。

全书由王思德、杜德进、蒋波作为总指导。刘涵、苟廷仙、冯涛负责全书统稿；第1、8章由刘涵、李娜、丁慧琳、贾国珍编写；第2章由刘涵、丁慧琳、杨鸽编写；第3章由刘涵、苟廷仙、张桂菊编写；第4章由苟廷仙、冯涛、张桂菊编写；第5章由马宁、李长和、张毅、张桂菊编写；第6章由查龙、刘涵、周涛、赵寿昌编写；第7章由刘涵、苟廷仙、丁慧琳、冯涛、柳翔编写。

在本书编写过程中，得到了国家能源局大坝安全监察中心和中国电建集团华东勘测设计研究院有限公司相关领导和专家的指导与帮助，还得到了魏显贵、武志刚、周新民、陈勋辉、赵扬、牛秀博、魏文秀、余忠全、党宁等领导和同志的关心与帮助，在此一并表示感谢。此外，黄河水利出版社给予了大力支持，使本书得以顺利出版，在此深表谢意。

由于作者水平有限，书中谬误难免，望广大读者给予批评指正。

作 者

2023年9月

目 录

第1章 绪 论

1.1 研究背景与目的

水电站(水库)大坝是我国农业的命脉、工业的血液,更是国民经济的基础产业,是水安全保障的重要基础支撑,在抗御洪旱灾害、调蓄利用水资源、修复水生态环境、提供清洁能源、应对气候变化等方面发挥着重要作用,我国历来高度重视水库大坝建设和运行管理,统筹发展与安全,弘扬生命至上、安全第一的理念。新时代,党中央、国务院对保障水电站(水库)大坝安全提出了更高的要求。习近平总书记多次作出重要指示批示,强调水库建设和运行务必坚持安全第一,要加强隐患排查预警和消除,“十四五”期间解决防汛中的薄弱环节,确保水库安然无恙。2020年11月召开的国务院常务会议,研究病险水库除险加固工作,明确要求2025年底前对现有病险水库全面完成除险加固,对新出现的病险水库及时除险加固。《中共中央关于制定国民经济和社会发展第十四个五年规划和二〇三五年远景目标的建议》《中华人民共和国国民经济和社会发展第十四个五年规划和2035年远景目标纲要》均明确指出“强调统筹发展与安全,把保护人民生命安全摆在首位,加快病险水库除险加固,维护重要水利基础设施安全”。

在我国众多水库中,约80%建于20世纪80年代之前,已经运行了超过40年。95%的水库为小型水库大坝,量大面广,基本为县级政府或乡镇村组所有,由于大多数地区基层力量薄弱,小型水库大坝管护能力和水平较低,难以实现统一规范管护。尤其是改革开放之前建设的中小水库,数量巨大,但限于当时经济技术条件和施工形式,这一时期建设的中小水库普遍遗留了较多工程安全隐患,成为防洪心腹之患、国家水安全的明显短板。分布点多面广的水电站(水库)大坝,往往地处偏远,对外交通及通信设施不完善,小水电比例大,管理水平参差不齐,自动化监控系统比例低,传统的大坝安全管控手段在针对性、时效性方面已不能很好地满足现代企业安全管理需求。面对这样的现状,对照新时代党和国家的要求,集团级发电企业更应牢固树立安全发展理念,进一步主动落实落细企业大坝安全管理主体责任。

项目依托某企业集团分布在15个省(区)的140座水电站(水库)大坝,深入分析企业坝群安全管理面临的现状和存在的问题,管辖大坝存在数量多、分布广、坝型种类不一,收购小水电站较多,大坝安全管理,尤其小水电大坝安全管理方面存在较大安全风险,中小水电大坝日常维护、安全监测和巡视检查工作开展不规范,大坝安全管理人员力量薄弱等问题。运用集约化思路,坚持“统一、集中、融合、共享、安全”的原则,力求解决坝群在线监测和安全监控过程中各类数据信息实时收集和整理分析的难题,适时提出实时发现监测数据缺失、错误、异常的统一在线监测技术方法;通过大坝安全监控多种模型算法分析数据，对重点大坝形成一坝一策监控模式，实现超级坝群的在线监控；实施扁平化在线监督管理，体系化评价大坝安全工作质量，通过实践形成大坝安全监督检查全覆盖机制，建立各类隐患统一分级分类闭环管理体系，统一基准动态综合评价群坝安全风险，实现坝群安全集约化监控和监督管理。

1.2 研究内容

某企业集团于2017年成立大坝安全管理中心，提出针对集团所辖境内140座大坝安全集约化监控和监督管理的创新要求，为此立项研究实现此目标的技术和方案。

通过调研了解国内外大坝安全管理的现状，分析行业和集团大坝安全管理短板，提出大坝安全集约化监控和监督管理的具体目标，依托集约化总体思路，研发超级坝群安全运行信息集成、超级坝群安全监控、超级坝群安全监督管理等关键技术。

通过信息分类规范、信息集成和融合技术、地震数据集成技术、视频集成技术、GIS和BIM可视化技术应用等对超级坝群安全运行信息集成技术进行了研发；通过通用监控技术、重点工程监控技术、监控模型技术对超级坝群安全监控技术进行了研发；通过建立小水电大坝监督管理方法，形成超级坝群全覆盖监督检查机制，在此基础上，研发了大坝安全风险排序技术、大坝安全风险分级管控方法。

基于以上关键技术，将信息技术、智能算法与大坝安全业务深度融合，建设超级坝群集约化安全监控和监督管理平台，并应用于管辖大坝安全实践中，开发了集管理网站、客户端、现场检查APP、微信公众号和大屏于一体的统一信息平台，实现了超级坝群安全状况的快速评判和即时反馈，完成了大坝安全监控和监督管理由“粗放”向“集约化”、由“单一信息”向“多源信息融合”、由“静态”向“智能动态”的重要升级。

1.3 研究创新点

本项目主要创新点如下：

(1)创建多源数据集成及治理服务，开创性地研发了地震数据无损抽样后用于大坝监测的新技术，高效实现超级坝群多系统数据集成、治理和融合应用。

针对某企业集团分布在15个省(区)的140座水电站大坝相关信息和监测采集系统的多样性和复杂性，梳理已有系统的数据类型、运行方式、网络环境等，采用大数据处理、分布式计算、多源平台融合、数据挖掘等技术创建通用的数据集成与治理服务，解决了数据量大、种类多、冗余大等难题，实现多源海量数据的统一、集中、融合、共享。实现监测、GNSS、水雨情、巡视检查、地震、视频监控等91个外部系统的动态实时集成和数据治理，集成测点55 267个，治理监测数据29 432万条，在线跟踪1 426条隐患闭环治理进度，为在线监测、防洪度汛、隐患管理、安全监控等业务提供数据服务。

针对目前国内大坝安全监测一直未解决的地震数据应用有效融合的问题，在多源数据集成过程中，开创性地研发了对全集地震数据无损抽样后用于大坝安全监测的新技术。

将采集的原始地震观测数据(200 Hz),进行无损抽样处理至 25 Hz,数据量减少 80%,无损还原大坝震形效果最优。该技术不同于数据压缩技术,抽样后的数据无须经过还原处理,可直接进行大坝时频和结构模态分析,进而提取大坝动力学参数,识别地震事件,满足地震数据用于大坝安全监控分析工作的需要。

该技术探索了地震数据用于大坝安全监测的有效途径,经某电站 10 年地震历史数据验证,抽样后的数据量减少 80%,数据量可由 400 G/a 降至 50 G/a,且无损还原大坝震形效果最优,满足大坝安全监控需要,研究成果计划逐步在设有地震监测系统的大坝开展应用。

(2)将大坝通用监控技术、重点大坝专用监控技术和建立模型等三类技术通过规则设置相互融合应用,实现对大坝安全更加精准评判和一坝一策的监控效果,解决了监测数据异常误报率较高的难题,为群坝安全监控实现从粗略到精准奠定了基础。

集约化监控是为了通过在线的方式动态评价群坝安全状况,需要所有大坝通用、重点大坝专用以及建立模型提高精准度等三类相关技术并通过规则的设置将其融合应用,以此提高监控的可靠性和可用性,发挥其指导大坝安全管理的作用。通用监控技术适用于所有大坝,但不能满足重点大坝风险和隐患的精准监控。本书以某大坝为例,针对监控重点和薄弱部位,用边坡地表变形、多点位移计、应力应变以及原型加密观测试验等间接评价方法,结合锚索测力计监测直接评价方法,并考虑基于应力强度因子判断准则的裂缝稳定性评价,实现坝肩超载加固效果稳定实时在线评价。系统采用规则将此评价技术和通用技术在监控预警及综合评判体系下融合并递推大坝综合评判结论,最终实现对大坝安全更加精准的评判,应用表明对重点大坝一坝一策监控效果显著。

采用误差逆向传播 BP 神经网络技术(非结构化模型技术)全面应用于大坝安全监控的模型建立和预测预报,当预报结果异常程度较高时,启用三维非线性有限元快速分析方法(结构化模型技术)分析异常点位的计算结果,最终融合结构化模型和非结构化模型,通过相互对比验证,更加准确在线评判大坝安全运行状态。系统对 1 万多点建立了模型,数据异常误报率从原来的 40%降低至 10%,解决了监测数据异常误报率较高的难题。

(3)首次提出了适合集团级企业小水电大坝的安全监督评价方法,弥补了企业大坝安全监管短板,实现大坝安全监督管理全覆盖,首次建立了综合大坝结构状况、运行管理和外部因素的坝群安全风险动态评价体系,实现大坝的动态监督和风险的精准管控。

针对国内小水电大坝安全管理基础薄弱、安全隐患风险较大且存在监管短板(2020 年底以前)的实际情况,某企业集团对坝高小于 15 m 或库容小于 100 万 m^3 的大坝,通过形成一系列标准,建立支持体系,明确了检查方式和检查范围,首次研究形成了适合集团级特点的小水电大坝安全监管全覆盖检查方法和监管体系,弥补了企业大坝安全监管短板,实现大坝安全监督管理全覆盖,并对各类检查发现的所有隐患问题实现统一分类分级闭环跟踪督办。

在实现全覆盖检查的基础上,考虑到按计划轮次定期开展监督检查的监管方式无法及时发现问题,首次建立了综合大坝结构状况、运行管理和外部因素的坝群安全风险动态评价体系,动态评价不同等级、不同坝型的大坝风险,以此实现风险分级管控和精准管控,满足坝群集约化动态监督管理的需要。针对大坝安全风险动态综合评价关键技术及不同维度评价指标不一致的问题,提出了采用基于逆向型指标与正向型指标的一致化和无量纲化的赋值方法,构造了不同风险类型的评价结论集合和模型,结合在线监控的结果可动态计算大坝综合风险指数。企业根据大坝综合风险指数和具体指标值,在日常监督的基础上,重点监督风险指数偏高的大坝,采取有针对性的管控措施,并根据信息化平台的评价结果动态调整管控措施和监督方式,实现风险的精准管控。

1.4 综合效益评价

为将超级坝群集约化安全监控和监督关键技术进行实践应用,某企业集团在项目实施过程中,开发完成了坝群全业务信息化平台。建设了集管理网站、客户端、现场检查APP、微信公众号和大屏于一体的超级坝群大坝安全集约化监控和监督管理平台,将研究成果最终应用于集团超级坝群大坝安全管理。项目成果在保证大坝安全运行方面综合效益显著,在提高大坝管理水平、减能增效方面意义重大,杜绝溃坝、漫坝等灾难性事故效益无法估量。

(1)平台应用于某企业集团超级坝群后,实现了有效的数据集成和治理,提高了工作效率和大坝安全监控的可靠性。

(2)成功地解决了多坝管理、多厂家信息集成、多单位协助等难题,促进了超级坝群安全管理的数字化发展和科技进步。

(3)有助于提前发现各类大坝隐患,并进行预警,可以最大限度地减少人员伤亡,减免漫坝、溃坝损失。平台投入应用后,在线跟踪各类检查提出的问题,闭环管理,至2021年底,共提出大坝安全问题753项,已整改617项,完成率达82%;累计在线排查异常测点732个,涉及大坝60座,通过微信公众号及时提请各大坝运行管理单位关注。

第2章 国内外大坝安全管理情况及监控现状

2.1 国内外大坝安全管理情况

2.1.1 国外大坝安全管理情况

国外现代化大坝建设峰值早于中国,在大坝安全管理方面的经验已有百年。美国、澳大利亚等国家水电建设起步早,在大坝安全管理方面的研究与实践时间相对较长。美国一度在水库大坝数量和建设技术方面占据世界领先地位,澳大利亚因地制宜、分区管控的独有管控模式在某些领域达到最优水平,瑞士最早的相关水体监管法律可追溯到1877年,日本政府国土交通省制定的大坝安全管理体制及全面检查机制确保了坝体及相关设施的长久运行。因此,了解国外大坝安全管控模式很有借鉴意义。下面就美国、澳大利亚、瑞士及日本的大坝安全管控模式做简要介绍。

2.1.1.1 美国大坝安全管理情况

在20世纪30年代,美国国内建坝已基本完成,之后进入大坝管理时代,先后经历了初期(1929—1970年)、发展(1970—1986年)和法治化、科学化管理(1986年至今)等几个阶段。美国大坝的建设、运行管理体制比较复杂,分为联邦、州和私人企业等几个层次。各联邦机构和各州都有各自的大坝安全管理规章制度、运行程序和相关的技术文件。美国现代化水库大坝建设始于20世纪20年代初,到20世纪60年代达到顶峰。美国大坝安全管理工作始于1929年初,是由加利福尼亚州发生的St.Francis坝垮坝事件促使的。1972年,美国国会通过了《国家大坝检查法案》(PL 92-367),该法案授权对非联邦的大坝进行检查、开展大坝登记工作,但由于经费原因,很多关于联邦大坝安全的计划未能有效推动。直到1976年发生的Teton坝垮坝事件,促使时任总统卡特要求各联邦机构要列专项开展大坝安全工作,从而临时成立了联邦协调机构委员会和一个独立的评审委员会。1985年大坝安全协调委员会出版了大坝安全管理导则和运行规则,自此美国进入了法治化、科学化的大坝安全管理时期。1996年颁布的《国家大坝安全法案》中授权美国联邦紧急事务管理署(FEMA)负责管理,一直延续至今。如今FEMA也由原来联邦的一个独立机构并入新成立的国土安全部,成为国家政府部门下属的一个专门机构。美国大坝安全管理手段总结如下:①建立健全组织机构;②开展大坝登记、大坝安全核查、病险水库大坝除险加固等工作;③开发DSPMT等软件管理系统作为大坝安全技术管理工具;④开展大坝安全管理中的科研工作、应急预案编制、出版导则和手册等技术刊物、技术培训与宣传,开展针对恐怖事件的大坝安全防卫工作。

2.1.1.2 澳大利亚大坝安全管理情况

澳大利亚大部分国土属于干旱或半干旱地带,每年降雨量具有变化幅度大、分布不均匀等特点。澳大利亚政府为联邦制大坝业主,负责大坝的安全,并有专门的政府机构监督大坝业主对大坝安全法律、法规的执行情况。在没有立法的州,由相关的水务公司管理大坝安全。澳大利亚大坝委员会于 1976 年就主持制定了第一版《大坝安全管理导则》,供各州大坝安全管理借鉴参考。如新南威尔士州于 1978 年通过了《大坝安全法》,并于 1979 年成立了由 9 名来自各个相关领域专家组成的州大坝安全委员会,主要负责对大坝安全进行监管及编制可接受的大坝安全标准。而西澳大利亚州因为没有大坝安全法规,故该州由西澳水务公司(建于 1996 年)负责管理全州各地的大坝。他们会制定大坝安全检查计划,通过年度检查和长期检查(10 年/次),并对自身大坝安全管理进行内部审查,找出大量潜在的业务风险,从而总结公司在大坝安全管理过程中的长处和不足。

2.1.1.3 瑞士大坝安全管理情况

瑞士从 19 世纪初就开始兴建大坝用以发电,早在 1916 年,联邦政府就颁布了开发利用水资源的法律。于 1957 年根据 1877 年出台的联邦法律对水体监管的要求颁布了《瑞士联邦大坝安全法令》,比美国还早了近 20 年。通过法令确立了大坝安全理念及大坝安全目标,规定了政府为大坝安全监管机构,业主、工程师、专业社团等涉及大坝安全相关方面的职责。1998 年又立法规定重要和规模较大的水库大坝仍然由瑞士联邦能源监管,而将大量的小型坝赋予新成立的州政府大坝安全管理机构监管,这些州大坝安全管理机构同时受联邦政府大坝安全管理机构(能源署)监管。瑞士建立了四个层次的大坝安全监管体系:

(1)大坝运行人员定期开展巡视检查及监测工作;

(2)对监测结果进行分析并对大坝开展年度检查;

(3)大坝安全监管机构确认 2 名独立专家每 5 年进行一次全面深入的大坝安全评估;

(4)大坝安全监管机构对前三个层次工作进行监督管理。

通过组合式资产与运行管理模式,将集团或区域内的小型坝集中在一起,签订服务协议将资产和运行管理委托给一个集中的专业机构进行管理,大大提高了小型坝的管理效率。

2.1.1.4 日本大坝安全管理情况

日本大坝安全管理是由日本政府国土交通省负责的,他们制定的大坝安全管理系统包括常规检查、定期检查和全面检查,在洪水或地震发生后,又会立即进行应急检查。常规检查包括年度或月度检查,检查坝体和控制设备的功能完好性;定期检查主要由国土交通省或对大坝日常管理得当的地方政府相关管理人员负责,原则上每 3~5 年进行一次;当大坝建成约 30 年后,会对大坝实施一次全面检查,检查程序包括材料文件收集、项目记录分析、多学科团队开展检查工作并给出评估和建议。全面检查是定期检查的补充,在进行管理周期研究的同时又从长期的视角对常规检查和应急检查的记录进行了全面评估。

2.1.2 国内大坝安全管理情况

2.1.2.1 国内大坝基本情况

在我国,最早见诸文字的大坝是建于公元前 598 至前 591 年间的安徽省寿县的安丰塘坝,坝高 6.5 m,库容约9 070 万 m^3,经多次修复和更新改造,至今已运行 2 600 多年。虽然中国江河治理历史悠久,但大坝建设曾一度发展较慢。从 1950 年国际大坝委员会统计资料可知,全球 5 269 座水库大坝(坝高高于 15 m)中,中国仅有 22 座。

中华人民共和国成立以来,我国水库大坝建设先后经历了恢复与组建(1949—1957 年)、曲折发展(1958—1976 年)、稳定前进(1977—1990 年)和快速发展(1991 年至今)4 个阶段。据 2017 年全国水利发展统计公报,我国现有水库 98 795 座,水库总库容约9 035 亿 m^3,其中大型水库 732 座,中型水库 3 934 座,小型水库 94 129 座。我国现有水电站 46 758座,总装机容量 33 288.93 万 kW,其中规模以上(500 kW)的水电站 22 190 座,其大、中、小型水电站数量分别为 142 座、477 座和 21 571 座。

改革开放以后,随着我国水电开发事业的不断推进,一系列世界级水电工程和高坝大库逐步在国内建成,我国大坝数量雄居全球之首,筑坝技术也处于世界领先水平,已建的三峡大坝(高 181 m)、锦屏一级混凝土双曲拱坝(高 305 m)、水布垭混凝土面板堆石坝(高 233 m)和龙滩碾压混凝土重力坝(高 216 m)均代表了当今世界筑坝技术的最高水平。国际大坝委员会根据 2020 年 4 月登记注册大坝数量统计,全球现有大坝数量为 58 713 座,其中中国拥有大坝数量为 23 841 座,约占全球大坝总量的 40.6%。

2.1.2.2　国内大坝安全管理发展的三阶段

1.中华人民共和国成立以后的摸索管理阶段

百废待兴的时代背景致使各项工作重点是建设,“三边”工程留下了不少安全缺陷和隐患,投运水电站大坝的安全管理几乎为空白,直到 1985 年原水利电力部成立了大坝安全监察中心后,才出现专业从事运行水电站大坝安全管理工作的机构。

2.计划经济体制下的垂直一体化管理阶段

党的十一届三中全会后,国家层面颁布了《水库大坝安全管理条例》《中华人民共和国防汛条例》等一系列法规,电力系统开展第一、第二轮大坝安全定期检查,启动大坝安全注册等工作,并将大坝安全注册和大坝安全等级评定作为企业管理水平的考核依据。

3.中国特色市场经济体制下的监管阶段

2004 年,中央机构编制委员会办公室将大坝安全监察中心划归国家电力监管委员会领导,我国由此进入“企业负责、政府监管、社会监督”的新阶段。

2.1.2.3　国内政府对大坝安全的监管

1.水行政部门相关管理职责

根据 1991 年颁布的《水库大坝安全管理条例》规定,“国务院水行政主管部门会同国务院有关主管部门对全国的大坝安全实施监督”。水利部作为国务院水行政主管部门履行综合监管职责,并对以防洪、灌溉、供水为主要功能的水库大坝履行行业监管职责,对境内坝高 15 m 以上或库容 100 万 m^3 以上的水库大坝开展安全鉴定。该条例的颁布是我国大坝安全管理正式走向法治化、规范化的一个重要里程碑。

2.国家能源局相关管理职责

《水电站大坝运行安全监督管理规定》中明确国家能源局是我国大、中型水电站大坝的行业监管部门,负责监管在《水库大坝安全管理条例》规定范围内,以发电为主、装机容量在 5 万 kW 及以上的大、中型水电站大坝。截至 2023 年，在国家能源局注册和备案登记的水电站大坝共计 681 座，其中注册登记水电站大坝 629 座（甲级 593 座、乙级 36 座），登记备案水电站大坝 52 座。

3.行业安全管理部门相关管理职责

除水行政部门和国家能源局监管大坝外，其他符合《水库大坝安全管理条例》监管范围，归属航运、农垦、军队等行业的大坝，由相应的行业安全管理部门负责。

4.大坝安全管理相关法规标准

我国自 1991 年颁布了《水库大坝安全管理条例》，之后又先后颁布了《水库大坝安全鉴定办法》《小型水库安全管理办法》《水库大坝安全评价导则》等一系列相关法律法规和技术标准，现行法律法规、技术标准，已经形成了以《中华人民共和国水法》《中华人民共和国防洪法》为基础，以《水库大坝安全管理条例》为核心，法律法规相对完善、部门规章配套、技术标准支撑、符合国情的大坝安全法规与技术标准体系。大坝安全管理部分法规、标准汇总情况见图 2.1.2-1。

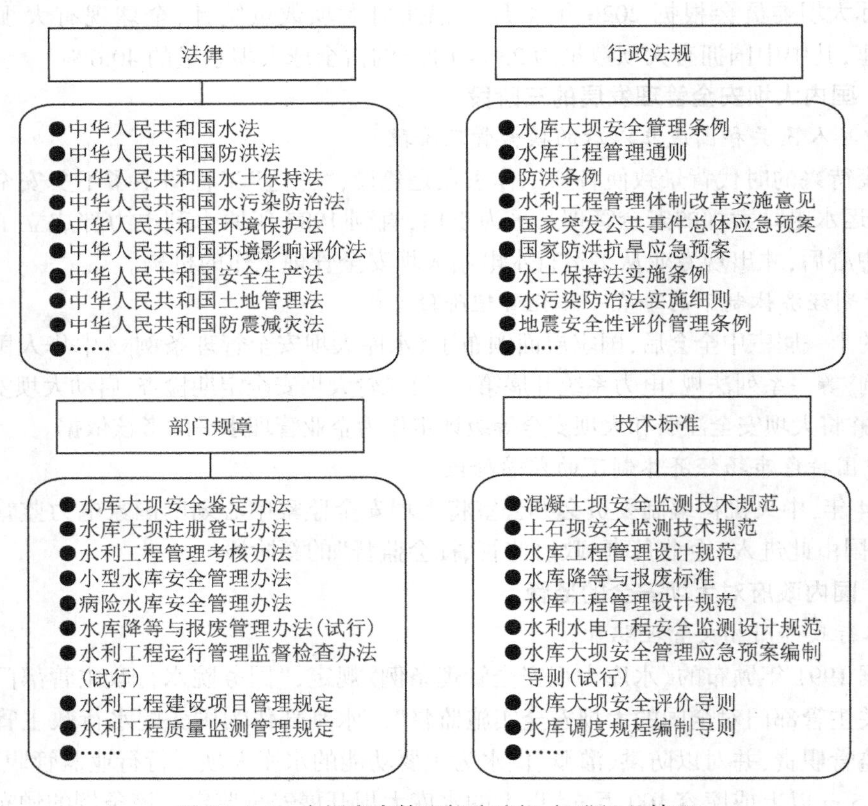

图 2.1.2-1　大坝安全管理部分法规、标准汇总情况

2.1.2.4　中国企业对大坝安全的监管

《中华人民共和国安全生产法》《水库大坝安全管理条例》《水电站大坝运行安全监督管理规定》《关于加强小水电站安全监管工作的通知》等法律法规、相关文件都明确了电力企业是大坝安全的责任主体。企业作为市场经济的主体,既要承担生产管理职责,也必须承担安全管理职责,不能将政府监管部门当成自己的"安全员",大坝安全的主体责任落实不能依赖于政府监管部门的监督检查。2020 年 4 月,国家能源局发文(国能综通安全〔2020〕35 号),强调各电力企业要进一步完善大坝安全责任制,把大坝安全管理、防汛抗旱和灾害防范应对主体责任落实到工作的各环节、各层级、各岗位,确保大坝运行安全。

2.1.3　国内外大坝安全管理体系比较

国际大坝委员会根据 2020 年 4 月登记注册的大坝数量统计,全球现有大坝数量为 58 713 座,其中中国拥有大坝数量为 23 841 座,约占全球大坝总量的 40.6%。全球范围内大坝拥有数量前十国家情况统计见表 2.1.3-1。

表 2.1.3-1　全球范围内大坝拥有数量前十国家情况统计　　单位:座

国家	中国	美国	印度	日本	巴西	韩国	南非	加拿大	墨西哥	西班牙
数量	23 841	9 263	4 407	3 130	1 365	1 338	1 266	1 156	1 079	1 064

中外部分国家大坝安全管理体系对照如表 2.1.3-2 所示。

表 2.1.3-2　中外部分国家大坝安全管理体系对照

国家	监管机构	法律法规	管理体制	应急预案
中国	水利部大坝安全管理中心	《水库大坝安全管理条例》《水库大坝安全鉴定办法》《水库大坝安全评价导则》《水库大坝注册登记办法》《水库降等与报废管理办法(试行)》	国务院水行政主管部门对全国水库大坝安全实施监督,各级人民政府及其水库主管部门对其所管辖大坝的安全实行行政领导负责制	包括总则,工程概况,突发事件危害性分析,险情监测与报告,险情抢护,应急保障,《应急预案》启动与结束,附件
美国	垦务局、陆军工程师兵团、田纳西河流域管理局、联邦能源管理委员会、州政府等	《国家大坝安全核查法案》《水资源开发法案》《国家大坝安全法案》	以联邦紧急事务管理署为领导,联邦机构、州政府、私人机构和学术团体参加	包括紧急情况人员通知流程图,紧急情况的判定、评估和等级分类,反应措施的准备,淹没区域图,有关附录
瑞士	联邦能源署和州政府水库大坝安全监管机构	《大坝法》《大坝条例》	大型水库由联邦能源署负责,小型水库由州政府水库大坝安全监管机构负责	大坝应急预案,撤离应急预案

续表 2.1.3-2

国家	监管机构	法律法规	管理体制	应急预案
澳大利亚	大坝安全委员会、水务公司、政府监督机构	《大坝安全法》《大坝安全管理导则》《大坝溃决后果评价导则》《风险评价导则》	立法的州，大坝业主负责大坝安全，政府机构负责监督；未立法的州，水务公司管理大坝安全	大坝突发事件预案，群坝风险评价和个坝风险评价
韩国	水资源公社和农渔村公社	《水库和大坝的安全管理及灾害防止法案》《公共建筑物的安全控制专项法案》	法律规定大坝业主的责任，韩国基础设施安全和技术公司为专业检查单位	溃坝时人员安全撤离的应急行动预案

通过对国内外大坝安全管理情况的梳理，可以看出，开展集团企业级超级坝群安全管理模式研究是具有创新性的，尤其是对小水电站大坝开展全覆盖监督检查有助于填补国内对坝高小于 15 m 或库容小于 100 万 m^3 的水电站(水库)大坝安全检查的全覆盖。通过对全业务信息化平台的开发，借助现代信息技术将超级坝群进行了集约化、专业化的深度融合。无论是线下“全覆盖”的监管方式，还是线上“无盲区”的监督管理形式，都为大坝安全管理行业提供了一定的借鉴意义。

2.2 国内外大坝安全监控现状

大坝安全在线监控的两大基础条件——监测自动化系统和大坝运行安全管理信息系统，已较为成熟。在理论研究方面，大坝安全在线监控理论研究主要集中在误差识别技术、监控指标及综合评判和辅助决策技术等方面；在应用方面，主要停留在大坝安全监测自动化数据采集、整编和单测点预警等方面。

2.2.1 国内大坝安全在线监控理论研究情况

2.2.1.1 误差识别技术研究发展

误差识别是大坝安全监控重要的基础工作，其目的是得到能真实反映大坝性态的监测信息。误差一般可分为系统误差、随机误差和粗差三类，误差识别的作用是剔除粗差，尽量消除系统误差和随机误差。误差识别技术主要有逻辑判别法、统计判别法、数学模型判别法。

逻辑判别法主要是通过设定有物理意义的测值范围、理论计算值、工程类比值来识别误差。此方法设定简便，能过滤一部分超界较大的粗差，但因其设定的边界范围较宽，无法识别超界较小的误差。

统计判别法主要建立在误差符合正态分布的基础上，通过统计检验法如 t 检验准则、

F 检验准则、格拉布斯(Grubbs)准则、肖维勒(Chauvenet)准则、狄克逊(Dixon)准则等识别误差。此类方法主要局限于数据系列的统计经验性,当出现经验范围以外的荷载条件,对应的监测值存在被误判为误差的可能性。近年来引入的小波分析法、信息熵等方法,其本质上也属于统计判别法,同样存在统计判别法的局限性。

数学模型判别法主要是建立数学模型(统计模型、确定性模型或混合模型)并设置数学模型的置信区间,当测值落在置信区间以外则判为误差。此类方法中的确定性模型或混合模型,可较大程度避免受统计经验性的局限,但受模型精度、计算代价大、环境量数据的完整性等条件制约。

目前,实际工作常用的误差识别方法多为逻辑判别法、数学模型判别法或两者的组合。

2.2.1.2 监控指标研究发展

安全监控指标是评判大坝安全的重要指标,因其可以快速地判断大坝安全性态,给大坝管理带来了极大的方便。按测点数量分,监控指标可分为单测点监控指标和多测点监控指标。

1.单测点监控指标

常用的单测点监控指标拟定方法包括数学模型法、极限状态法、极限强度法。

(1)数学模型法。通常采用监测量的数学模型(如统计模型、确定性模型或混合模型)并考虑一定置信区间所构成的数学表达式来确定。数学模型法的局限是不考虑结构的极限状态,得到的监控指标往往不能表征结构异常,但能反映运行性态的异常。因为结构异常多由性态异常起步,而运行期性态异常比结构异常出现的概率大得多,故运行期监控指标的设定常用数学模型法。对于分级监控指标来讲,数学模型法常用于第一级监控指标。最近20年,研究人员相继将数学领域的研究成果——遗传算法、混沌理论、滤波法、小波分析、人工神经网络、云模型等引入监测领域,其作用主要在于提高模型的精度,而非改进模型的本构关系。

(2)极限状态法。早在20世纪90年代初国内就有学者提出,包括安全系数法、一阶矩极限状态法、二阶矩极限状态法。所谓安全系数法,即考虑安全系数,建立抗力和作用力的平衡式,推求主要荷载(主要是上游水压),代入模型(一般是混合模型)计算出监控指标;一阶矩极限状态法不考虑安全系数,建立抗力和作用力平衡式;二阶矩极限状态法是基于可靠度理论建立抗力和作用力的平衡式。可见,用极限状态法建立大坝安全监控指标与坝体结构本身关系密切,充分考虑了坝体强度和稳定等力学条件,但由于用极限状态法确定的监控指标具有一定的安全余度,该方法确定的监控指标也不是真正意义上的结构破坏指标。

(3)极限强度法。该方法首先需要建立结构的仿真模型,再根据工程的薄弱环节来分析其破坏的模式,并模拟破坏过程,观察特定破坏模式下结构的性态变化过程及转异特征,以此确定监控指标。该方法建立的监控指标,与结构的破坏模式紧密联系,是真正意义上的结构破坏指标,但该方法主要受制于模型仿真的精度、破坏模式的选取准确性,难度较大。

2.多测点监控指标

鉴于单测点监控指标应用的局限性及其可靠性差，多测点监控模型的研究形成趋势。多测点监控模型主要分两类：第一类是建立与测点位置相关的多测点空间模型，主要用于整体位移监控，如拱坝的一维、二维分布模型；第二类是以特定破坏模式对应的具有逻辑关系测点组成的多测点组合，如监测拱坝坝踵张开的测缝计测点和扬压力测点组合、监测边坡变形的地下水位测点和变形测点的组合。

2.2.1.3　综合评判方法研究发展

当管理人员通过大坝的监测和检查成果发现大坝运行性态异常时，往往不易把握大坝结构是否正常，进而判断大坝运行是否安全，需要层层向上汇报或组织专家组进行综合评判，很难快速、准确地做出决策。如何根据大坝运行监控资料（如监测信息、巡视检查信息、结构计算信息），快速、准确地对大坝安全进行评判和决策是大坝安全监控研究中的一个重要课题。大坝综合评判研究的具体方法分三类：

（1）第一类是构建评判指标和评语，通过一定的数学方法将评价指标和评语量化计算，得出评判结果。采用的数学方法主要有模糊数学法、人工神经网络法、信息融合法。此类方法存在的主要问题：一是评价指标权重准确量化难度较大，构建的各评价要素要求是相互独立的，但多维度的评价要素（如监测信息、检查信息和结构安全度信息）很难做到相互独立；二是构建的各评价指标之间只能呈现并列的关系，无法准确描述工程师实际对大坝安全评判的复杂的逻辑推理。

（2）第二类是基于实例推理的综合评判及辅助决策方法。该方法的核心是用过去的实例和经验来解决当前的问题。具体方法是收集大坝破坏案例建立实例库，从中检索出与当前问题相似的实例，如该实例与当前实例匹配，输出该实例的求解方案，否则修正该实例，形成当前问题的解。该方法对于大坝常规问题的处理有较好的适用性，但对大坝的个性化缺陷及对特大工程，存在实例的代表性和通用性不足的问题。

（3）第三类是基于知识的综合分析推理方法。广义上讲，此类方法属于信息融合法的一种。此方法最容易实现的是产生式规则法，根据专家经验或一般工程经验形成规则集，模拟工程师对大坝安全评判思路，通过规则推理得到推理目标。其优点在于知识表达式形式容易描述，实际综合分析推理过程也易于被人理解。该方法因其系统结构简单、逻辑清晰、实用性较强，目前在其他行业有一定范围的实际应用。

2.2.1.4　在线监控系统总体方案研究

国内早于20世纪90年代已开展在线评判决策系统的研究工作，理论上比较成熟的是由吴中如等提出的专家系统。专家系统是模拟人类领域专家，将专家知识编码成计算机语言，将专家的经验和思维转化成先进合理的推理策略。专家系统主要由实时分析和综合分析两个子系统构成，每个子系统由推理机、知识库、工程数据库、方法库和图库组成，应用模式识别和模糊评判，通过综合推理机，对四库进行综合调用，将定量分析和定性分析结合起来，实现对大坝安全状态的在线实时分析和综合评价。专家系统具有较强的理论价值，但系统本身较为复杂和庞大，不易实现，仅在某混凝土重力拱坝等工程有试验性应用。

2003 年,张进平等提出以综合分析推理子系统为核心的大坝安全监测决策支持系统。综合分析推理子系统的主要内容如下:

(1)单测点信息的定量化。充分掌握单点信息是综合分析推理的基础,系统对现场检查信息进行了组织及处理,使其适用于综合推理过程。

(2)综合分析推理的对象。按监测项目、工程部位以及物理过程组织测点及有关信息。知识库对某一具体对象专门开发,相同的分析对象可共用同一知识库或部分相同规则。

(3)推理系统采用产生式专家系统(规则系统),推理为正向推理。

(4)知识库(规则)的开发。根据工程结构特点和可能存在的安全问题制定具体规则。

该系统仅在小浪底等少量工程中有应用,未能大范围使用。

2006 年,朱伯芳提出"数字水电站"的设想,主要思路是在人工巡视和仪器监控之外增加数字监控,即通过全坝全过程仿真正反分析,实时了解大坝运行性态,并通过强度折减法计算安全系数,对大坝进行安全评估。"数字水电站"由数据层、模型层、应用层组成。数据层包括地质、水文、气象、工程监测等各项数据的采集和管理。模型层由能够模拟水电站各种现象或行为的数学模型组成,主要由水文计算模型、有限元仿真模型等组成。应用层主要在数据层和模型层的基础上提供数据查询和支持服务、决策支持服务。该方法的可行性主要受制于模型层各类模型的仿真度,尚无实际应用。

近年来,在线监控系统总体方案的研究进展不大。但大坝安全评判从单测点、单项目的独立分析评价向多测点、多项目的综合分析和评价发展,从单监测信息向包括巡视检查信息、监测信息、结构反演计算信息等多源信息融合评判发展,已成为行业的共识。近期主要研究的方向是如何实现大坝安全有关的多源信息融合的具体方法。

2.2.2　国内大坝安全在线监控应用情况

国家能源局大坝安全监察中心监管的 600 余座大坝中,有一半以上建立了大坝安全监测自动化采集系统,大型工程基本均建立了大坝安全监测自动化采集系统,具备监测数据的自动采集、接收、传输及存储等功能。上述功能是监测自动化的主要功能,也是实现大坝在线监控的基本条件。但实现监测自动化采集系统的大坝中,将近一半不具备误差识别功能,具备误差识别功能的大坝基本均是采用限值法(逻辑判定法),识别方法较为单一,有些大坝设定的限值过大(如按仪器量程、监测物理量性质设置等),导致判别区间过大,监测值"噪声"过多;有些大坝对具有趋势性的监测值也采用限值法,导致频繁错报。另有少数大坝采用了统计模型,但模型未动态进行调整,导致误判率较高。多数大坝安全监测自动化采集系统缺乏对误差数据进行反馈处理的功能,同时也缺乏利用对误差监测数据及时反馈处理(补测或重测)的在线监测管理功能。

此外,融合工情监测、巡检、水情等信息进行大坝安全运行性态综合评判的大坝,更是少之又少,仅新丰江、新安江、溧阳、丰满、仁宗海等水库大坝在开展建设,目前均还未正式运行使用。

2.2.3 其他国家(地区)大坝安全在线监控应用情况

20 世纪 60 年代起,国外大坝安全监测领域就开始针对监测数据采集自动化进行研究和应用。近几十年来,意大利、法国等发达国家在实现大坝安全监控方面发展较快,不仅能自动采集、校验、存储和远传数据,而且具有快速在线评估、报警等功能,在工程中得到了广泛的应用。

意大利在大坝安全监控系统的开发研究方面一直处于国际领先地位。20 世纪 80 年代初,意大利即实现了数据自动采集和在线分析;20 世纪 90 年代,意大利 CESI-ISMES 公司开发了 DAMSAFE 等系统用于数据采集分析和远程监控,其通过与大坝数据采集系统相连接进行数据检验,采用定性因果关系网络模型对各类监测信息和结构信息进行综合分析。截至 2014 年,CESI-ISMES 公司已经为超过 100 座大坝设计安装了相应的监测系统,并通过上述软件为各种类型大坝的结构静动态监测及远程监控提供相关服务。

法国开发的数据处理系统应用实践时间较长,在国际上有较大影响。法国电力公司开发了称为 PANDA 的大坝监测信息管理系统,该系统可对各种类型的自动化或人工采集数据进行处理。系统中对监测量的分析评价仍采用传统的统计模型,模型中仅用 11 个因子描述各分量,利用统计模型结果,进一步生成 MVD 模型的置信区间对各类监测量进行监控。

其他如美国、奥地利、西班牙等发达国家也都充分利用现代信息技术建立了较完善的大坝安全在线监测管理系统。2010 年,美国垦务局通过地球同步环境卫星系统 24 h 不间断地将监测数据、大坝安全评判结果同步传输给有关部门,保证大坝失事预警信息能够及时有效地到达相关地区。奥地利的 DATAVIEW 公司开发了一套大坝监测的软件,对各测点传输的数据进行记录、校对,并自动完成真伪识别和超限检验,但对大坝的工作性态仍然需要大坝安全工程师根据系统打印的成果做出评估。21 世纪初期,西班牙采用了大坝群安全监控系统对 Guadalquivir 流域 6 座大坝的安全运行状况进行实时监控,收集到的监测数据通过计算软件 DAMDATA 进行记录存储并据此对大坝运行情况进行分析。

2.3 国内集团级大坝安全监督管理现状

国内已成立集团级大坝中心的有中国大唐集团有限公司大坝安全监督管理中心(2015 年)、国家电投大坝管理中心(2017 年)、中国长江三峡集团有限公司大坝安全监督管理中心(2019 年)、中国华能集团公司大坝管理中心(2021 年)、国家能源投资集团大坝管理中心(2022 年)。国家电投集团成立大坝管理中心后随即建设集团级大坝安全信息管理平台;中国长江三峡集团有限公司同国家电投集团一样,也建设了集团级大坝安全信息管理平台,其具体的监督管理责任落实在二级公司,集团大坝中心承担综合监督管理责任。

中国电建集团昆明勘测设计研究院有限公司自主设计开发的大坝安全监测可视化管理及预警系统具有数据汇集、分层分级预警、云图展示、三维位移场、数据质量检查、综合分析、工程安全整体评价功能。

雅砻江流域水电开发有限公司应用国家能源局大坝安全监察中心开发的大坝安全信息管理系统增加了云平台服务，其特色功能为：安全监测自动化采集服务、安全监测工作施工期转运行期无缝衔接、施工单位网络外使用、测量管理模块、水工点检管理、移动办公、系统运行实时监控、管理指标统计；关键技术为流域化系统集成技术、应用服务接口封装技术、不同自动化厂家接口集成技术、不同网络应用集成技术、自动评判预警技术、系统运行状态监控技术、远程冗灾备份与应急拆分技术；主要创新点为安全监测自动化采集服务一体化、监测承包商网络外使用、管理特征明显。

国电大渡河流域水电开发有限公司应用国家能源局大坝安全监察中心开发的大坝安全信息管理系统搭建了公司私有云平台，开发了大坝安全信息网、大坝安全专业管理软件、移动终端（手机、平板电脑进行数据采集和日常办公）等。主要功能包括：技术管理（缺陷、注册定检）、信息管理、分析评价（资料整编、数学模型分析、应急指挥系统预留接口）、预警管理、系统设置。系统具有多模式全生命周期管理、应急管理（根据不同事件触发条件启动应急响应）、全作业流程管理和反馈机制特点。

第3章　超级坝群集约化安全监控和监督总体方案

3.1　总体思路和目标

3.1.1　概述

企业面对管辖的上百座超级坝群,大坝安全风险管控的挑战是巨大的,因此利用现代化信息手段对大坝安全性态监控管理的必要性和重要性日益突出。项目遵循“先进、可靠、实用、经济”原则,基于现代信息技术、计算机技术、通信网络技术和坝工技术,构建完备的大坝安全技术档案,实现大坝安全综合信息管理数字化、信息采集与处理实时化、安全分析与评价专业化,旨在实现大坝安全管理平台统一、信息集成集中、风险自动识别、管理决策智能,实时掌握各大坝的运行状况,对大坝水工建筑物进行实时监管,为大坝安全风险管理与应急管理提供保障,全面提升大坝安全科学化管理水平。

3.1.2　总体框架

企业集团级超级坝群大坝安全管理存在以下特点和问题:

(1)运行单位的管理水平参差不齐;

(2)监督管理手段不够,发现问题不及时;

(3)小型电站的安全检查和管理检查缺失;

(4)监测数据不能及时处理,不能发现异常情况;

(5)大多数电站没有监控手段;

(6)科研成果在集团内推广应用效果不佳;

(7)没有形成集团级的监督管理体系。

超级坝群集约化安全监控和监督项目研究试图要解决以上这些问题,针对问题思考要开展三方面的技术研究,包括集约化、监控和监督管理(见图3.1.2-1)。

集约化:以某企业集团管辖的境内140座水电站大坝为对象,将各项安全管理信息统一汇集在一个平台上,统一在此平台上进行大坝安全管理的业务工作,按同一个标准处理监测数据,按同一框架实现大坝安全的实时监控。

监控:提出实时发现监测数据缺失、错误、异常的统一在线监测技术方法,实时评价监测工作质量,建立适应不同大坝结构安全监控方案的软件框架,实现超级坝群的在线监控。

监督管理:通过平台实施扁平化在线监督管理,体系化评价大坝安全工作质量,实时共享和获取政府监管信息，对小型大坝实行定检巡查制度，统一基准综合评价群坝安全风险，实现大坝集约化安全智能监督管理。

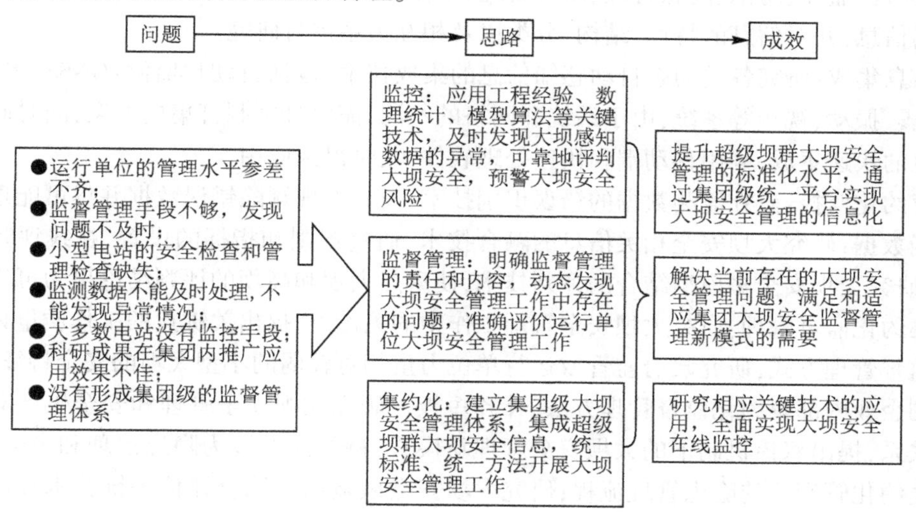

图 3.1.2-1　超级坝群集约化、监控和监督管理框架

3.1.3　总体思路

以坝群集约化安全监控和监督为核心提出总体思路（见图 3.1.3-1），并据此研究解决方案。

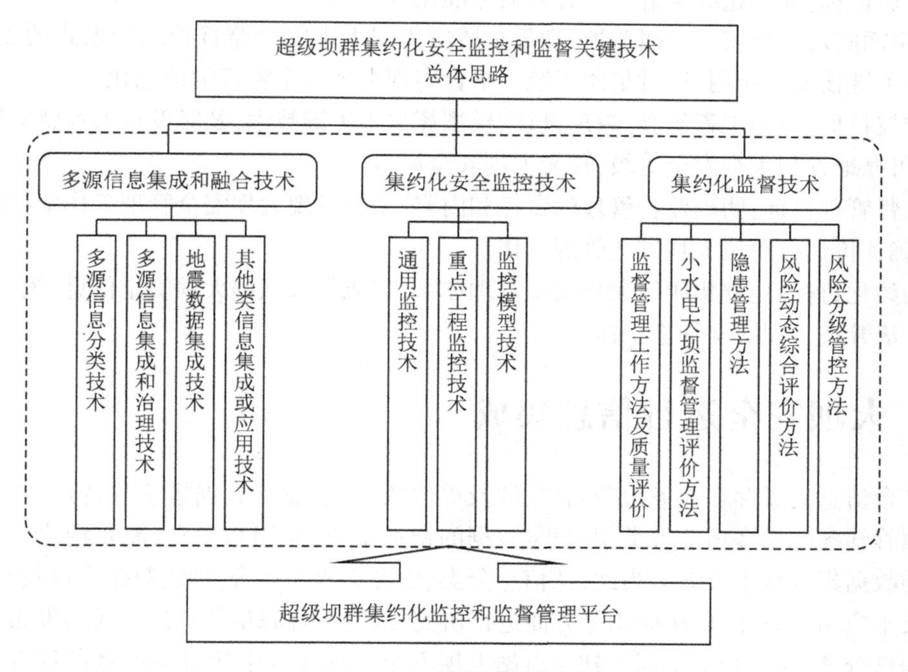

图 3.1.3-1　项目总体思路

大坝安全管理业务和信息梳理：首先，全面梳理覆盖大坝安全管理的所有业务，包括监测、巡视、监控、防汛、隐患管理、风险管理、工作评价等，针对业务和所涉及的对象，梳理所需的信息，并对信息的特性、结构、分类以及相互关系进行研究。

信息集成：研究各类动态自动感知信息的集成技术，包括自动化监测、GNSS、水情、气象、地震、振动、视频等系统，由于系统和网络的不同，需要分别制订集成方案；同时研究人工信息的快速集成，采用移动端和快速处理软件，及时得到应用。

集约化监控：研究监测数据的错误识别技术，及时发现剔除错误数据并尽可能重新采集正确数据；研究大坝安全相关信息的融合技术，通过规则和指标的设置，在线评判异常情况；研究大坝安全多模型结合的评判技术，使重点大坝和高坝的评判结论更为可靠。

集约化监督管理：研究大坝安全管理工作中的关键点，提出关键点的工作质量评价指标和监督管理方式；研究政府监管或运行单位力量相对较弱的小型大坝的安全特征，提出相应的企业内部集约化监督管理方法，补齐短板。研究大坝安全管理和安全生产双控机制的关系，提出双控机制下的大坝安全管理新模式，将关注点转为隐患治理和风险管控；研究集约化管理下的隐患管理流程；研究大坝安全风险动态综合评价关键技术在坝群集约化监督管理中的应用。

平台建设：研究超级坝群集约化监控和监督管理的统一平台建设方案；研究监控和监督管理关键技术的实现方式；研究系统在集团各单位应用时功能和需求的一致性、差异性。

3.1.4 研究目标

总体目标：提升超级坝群安全管理的标准化水平，解决企业当前存在的大坝安全管理问题，全面实现大坝安全在线监控，满足和适应集团大坝安全监督管理新模式的需要，研究相应关键技术的应用，通过集团级统一平台实现大坝安全管理的信息化。

监控目标：应用工程经验、数理统计、模型算法等关键技术，及时发现大坝感知数据的异常，可靠地评判大坝安全等级，预警大坝安全风险。

监督管理目标：明确监督管理的责任和内容，动态发现大坝安全管理工作中存在的问题，准确评价运行单位大坝安全管理工作。

集约化目标：建立集团级大坝安全管理体系，集成超级坝群大坝安全信息，统一标准、统一方法开展大坝安全管理工作。

3.2 大坝安全运行信息集成

平台信息集成存在业务覆盖面广、涉及单位数量大、业务数据量多等特点，要实现企业集团管辖各电站多项业务类型，海量数据的快速集成、应用与发布，需要构建一套完整有效的数据集成技术方案。为此，从信息分类、信息集成和融合、地震数据集成技术、视频集成技术应用、GIS 和 BIM 应用等方面进行研究，最终实现海量信息的集成与发布。

信息分类：对某企业集团下辖水电站大坝安全管理业务中的对象信息进行有效的分类梳理，通过其类别的属性或特征对数据进行区分，为信息集成工作建立规范的框架体系,为实现数据高效的归集、标准化、有效利用打下基础。

信息集成和融合:对电站已有系统的数据类型、运行方式、网络环境等进行梳理,并根据情况确定不同系统的接入方案。同时在接入过程中,进行数据清洗、标准化处理等技术专项研究,以满足系统多源数据融合安全监控评判的应用需求。

地震数据集成技术:研究地震数据用于大坝安全监测的实现途径,对采集到的地震数据进行无损抽样处理后,接入某企业集团超级坝群大坝安全集约化监控和监督管理平台中,用模态分析软件对平台中存储的地震数据进行大坝的模态分析,求取大坝的模态参数,识别大坝的频率、阻尼比及振型,进行地震事件识别,达到对地震数据进行处理和分析的目的,并将分析成果(包括数据、图、表等)接入平台。

视频集成技术应用:针对集团各电站视频系统版本多、建设厂家不同、标准不统一等复杂情况,建立一套以大坝中心为汇聚中心、各单位逐层接入的视频集成系统,实现在中心点实时直连任意大坝现场摄像头,进行视频查看、截图、录像等应用操作,充分发挥大坝中心专业化监督监控的作用,为大坝安全可控、在控提供技术支持。

GIS 和 BIM 应用:研究基于 GIS+BIM 基础支持平台的二、三维发布平台,将充分利用当代空间信息技术、建筑信息模型技术、三维可视化技术、数据库技术,以三维地理信息环境和大坝建筑物三维模型为载体,集成工程的基本属性、结构图纸等设计成果数据,基于三维地理信息系统平台和建筑信息模型管理平台,建设统一模型发布平台,用户可以在交互式的二、三维工作环境中全方位地观察工程环境,查询其关注的建筑物的工程资料信息及业务专题信息。

3.3 大坝安全集约化监控

3.3.1 概述

大坝运行安全在线监控,主要是为了及时发现已出现或潜在的影响大坝运行的安全问题,即时预警预报并及时处置,以提升大坝安全管控能力。监控的大坝运行安全问题主要包括以下两个方面。

一是出现的不安全现象:

(1)大坝非正常运行。主要指大坝运行条件已超过设计或规范规定的运行边界条件。例如:大坝运行水位是否超闸门顶等控制高程、大坝运行荷载是否超设计范围、泄洪消能设施运行方式是否不满足设计要求等。

(2)大坝结构破坏。主要因为监测仪器的局限性,无法通过监测数据层面发现(如土石坝坝坡塌陷、混凝土裂缝、渗漏等)大坝表面可见破坏,而巡视检查的频次较低,发现的时效性差。需要借助视频监控、遥感等技术及时发现大坝可见的结构破坏。

(3)大坝风险事件。主要指对发生的可能影响大坝溃坝、漫坝及结构破坏事件的外部风险(包括洪水、暴雨、地震等自然灾害事件)以及如大体积漂浮物或失控船舶撞击大坝或堵塞泄洪设施等的外部风险事件。

二是潜在的不安全征兆：

基于大坝运行过程中获得的监测数据和巡视检查信息，结合具体工程结构特点、地质条件、运行环境，融合监测资料分析、结构计算分析和大坝安全评判等技术，准确掌握大坝安全运行性态，在线识别大坝潜在的不安全征兆。

因此，需针对以上两方面，进行超级坝群大坝安全监控方案及技术研究，最终目的为实现监控方案以及各类监控技术信息化，通过平台实现超级坝群的集约化监控和监督管理。

3.3.2 监控方案及技术

大坝运行安全在线监控，是指通过自动化、信息化、智能化等手段，对大坝不正常运行情况、结构破坏及风险事件等出现的不安全状况（现象）进行辨识，并基于监测数据、巡检信息对大坝安全状况进行在线分析诊断和评判，及时发现大坝运行性态异常，及时预警反馈，并为采取管控措施提供辅助决策支持的一系列技术手段。应进行监控方案内容、通用监控技术、重点工程监控技术以及监控模型技术的研究，具体如下。

3.3.2.1 监控方案内容

监控方案内容包括大坝运行安全分析、确定监测成果有效性检查方法及指标、确定监控内容、构建分级预警体系及监控指标、确定出现不安全现象的监控方法、制定综合评判方法和评判规则、监控工作管理。

3.3.2.2 通用监控技术

通用监控技术包括适用于所有大坝监控预警及综合评判体系、监控预警指标拟定及评判和大坝安全状况综合评判等内容的研究。

3.3.2.3 重点工程监控技术

重点工程监控技术在通用监控技术研究的基础上，重点针对“高坝大库”的风险及隐患进行监控技术研究。

3.3.2.4 监控模型技术

监控模型技术包括基于 BP 神经网络的异常值识别方法研究和大坝快速结构分析的有限元模型等技术研究。

3.3.3 监控信息化

大坝运行安全在线监控信息化，是指由计算机硬件、网络和通信设备、计算机软件、信息资源、信息用户和规章制度组成的以实现大坝运行安全在线监控为目的的信息化手段。应以及时、准确掌握大坝运行性态，及时发现异常情况，有效管控风险，提高大坝安全管理工作效率为目标。其特征主要包括以下内容。

特征一：即时在线。

即时在线是指平台能在线实现对大坝出现的不安全现象和潜在的不安全征兆进行全面的监控，从大坝安全感知信息入库、有效性检查、辨识评判、即时预警、结果反馈、问题管控等一系列工作流程均通过系统高效完成。

特征二:精准评判。

精准体现在两个方面:一是监控内容。应能体现大坝的结构特点、安全隐患和薄弱部位,做到有的放矢。二是监控方法。选用的监控方法应能有效融合监测资料分析、结构计算等相关技术,并能体现大坝安全评判的机制,评判过程清晰并可回溯。

特征三:分级预警。

构建合理可行的监控预警体系,制定分级监控预警指标和评判准则,早期识别大坝的不安全征兆。建立相应的预警发布机制,对不安全征兆实现即时预警预报,防止"小病拖大"成灾。

3.4　大坝安全集约化监督管理

3.4.1　全覆盖检查机制

大坝安全的政府监管主体主要为国家能源局和水行政主管部门。国家能源局监管的大坝主要为装机容量 50 MW 及以上的大中型水电站大坝,实行大坝安全注册登记和大坝安全定期检查制度,因历史原因有少量小水电站大坝也在此监管范围内。水行政主管部门监管的水库大坝,库容大于 10 万 m^3 的实行注册登记制度,最大坝高 15 m 以上或库容大于 100 万 m^3 的大坝实行安全鉴定制度,2021 年底对坝高小于 15 m 的小(2)型水库大坝也提出了安全鉴定要求。

纵观近些年国内外多起溃坝案例,发生溃坝的往往都是小型水电站大坝。而某企业集团管辖的上百座大坝中,此类大坝占近 3 成,大坝安全管理基础薄弱,小型大坝运行性态掌握不全面。为提高该企业集团对大坝运行安全风险的管控水平,勇于承担企业社会责任,提升企业形象,某企业集团对如何做好超级坝群大坝,特别是小水电站大坝安全监管工作开展了研究。

针对上述大坝安全管理现状、管理特点及难点,在严格配合完成政府部门监管工作的基础上,以未在国家能源局大坝中心登记注册的小水电站大坝为重点目标,对如何建立工作标准及支持体系、确定检查范围及检查工作方式、制定检查内容及检查标准、检查工作开展情况以及所取得的工作成效等方面进行了监管评价方法研究,实现大坝安全监督全覆盖,为全方位监控、分析、评估大坝的安全性状,提升大坝管理水平提供了强有力的抓手。

3.4.2　隐患排查治理和风险分级管控

双重预防机制是国家为加强企业的安全生产,要求企业内部建立的风险管控机制和隐患排查治理机制。建立双重预防机制就是要将企业的安全风险进行分级管控和隐患排查治理,通俗来讲,就是企业为预防安全事故建立的两道防火墙。

第一道是对风险的管控,以识别危险源和管控风险为基础,从源头上对企业的安全风险进行识别和管控,尽量将潜在的安全风险控制在可控的范围内,避免安全事故的发生。

同时,企业要对风险进行分级管控,对于不同类别的风险采取不同的管控措施,并评估风险等级。当企业做好安全管控时就可以避免事故隐患的发生,当企业通过双重预防机制把风险控制在可控的范围内时,隐患就可以在形成的初期及时予以清除,从而事故也可消灭在萌芽时期。第二道是隐患管理,以排查和治理为主要前提,对企业内部存在的隐患即潜在的风险进行全方位、认真排查,消灭潜在的风险隐患,以免发生安全事故,提高企业的经济效益,保障企业的稳定发展。

项目以构建和完善大坝安全管理双重预防机制为目标,通过辨识大坝安全管理过程中的隐患点,通过风险评估实时分级管控,按照"一险多措"原则制定预防措施、开展隐患排查及隐患分级管理工作,实现隐患自查自治、风险自辨自控,并对各问题整改治理全过程进行跟踪闭环管理,及时整改,消除大坝安全隐患,防范大坝安全风险,从而提升大坝安全健康运行水平。

第 4 章　超级坝群多源信息集成和融合技术

4.1　概　述

为实现某企业集团下辖 140 座水电站大坝安全管理相关业务数据的有效汇集，集成方式包括数据集成、服务集成、功能集成等，为保证海量数据的高效集成并发挥数据最大的应用价值，系统制定了通用的结构化数据分类规范，用以指导数据分类及存储。对于视频监控和地震数据专业性较强的业务，主要通过服务集成与数据集成结合的方式，以满足用户特定场景下的应用需求。通过集成二、三维发布平台作为基础平台，将不同水电站大坝的倾斜、BIM 数据在统一平台上进行，用户可以在交互式的二、三维工作环境中全方位地观察不同工程的环境，查询其关注的建筑物的工程资料信息及业务专题信息。

4.2　信息分类技术

4.2.1　概述

某企业集团管理运行水电站大坝共 140 座，分布在 15 个省（区），大坝地处青藏高原、云贵高原和四川盆地，管辖大坝存在数量多、分布广、坝型种类不一等特点。业务覆盖监测、监控、防汛、监督、管理评价，涉及安全监测仪器、巡检对象、设备台账、数据文件等数万个对象，如何通过平台将数据有序地组织存储，实现在线监控、管理提升等业务赋能，需要一套可行的标准规范实现数据分类作为基础。

4.2.2　研究内容

为实现信息化技术进行集约化安全监控和监督管理，需要对下辖水电站大坝安全管理业务中的对象信息进行有效的分类梳理，从而通过其类别的属性或特征来对数据进行区别。为了实现数据共享和提高处理效率，必须遵循约定的分类原则和方法，结合行业内已有的信息分类规范或标准，按照信息的内涵、性质及管理的要求，将平台内所有信息按一定的结构体系分为不同的集合，从而使每个信息在相应的分类体系中都有一个对应位置。将相同内容、相同性质的信息及要求统一管理的信息集合在一起，而把相异的和需要分别管理的信息区分开来，然后确定各个集合之间的关系，形成一个有条理的大坝安全分类系统。

将大坝安全管理信息分为工程建设类和运行管理类。其中与工程建设相关的规划、设计、施工、安全鉴定及验收等信息宜纳入工程建设类，大坝安全运行、管理等相关信息宜纳入运行管理类。工程建设类下级类目包括基本参数类、设计类、施工类、验收类、监测系统类和改造扩建类；运行管理类下级类目包括综合管理类、安全监测类、现场检查类、监控类、防洪度汛类、维修养护类、应急管理类、监督管理类和大坝安全科研类，详细分类如图 4.2.2-1和图 4.2.2-2 所示。

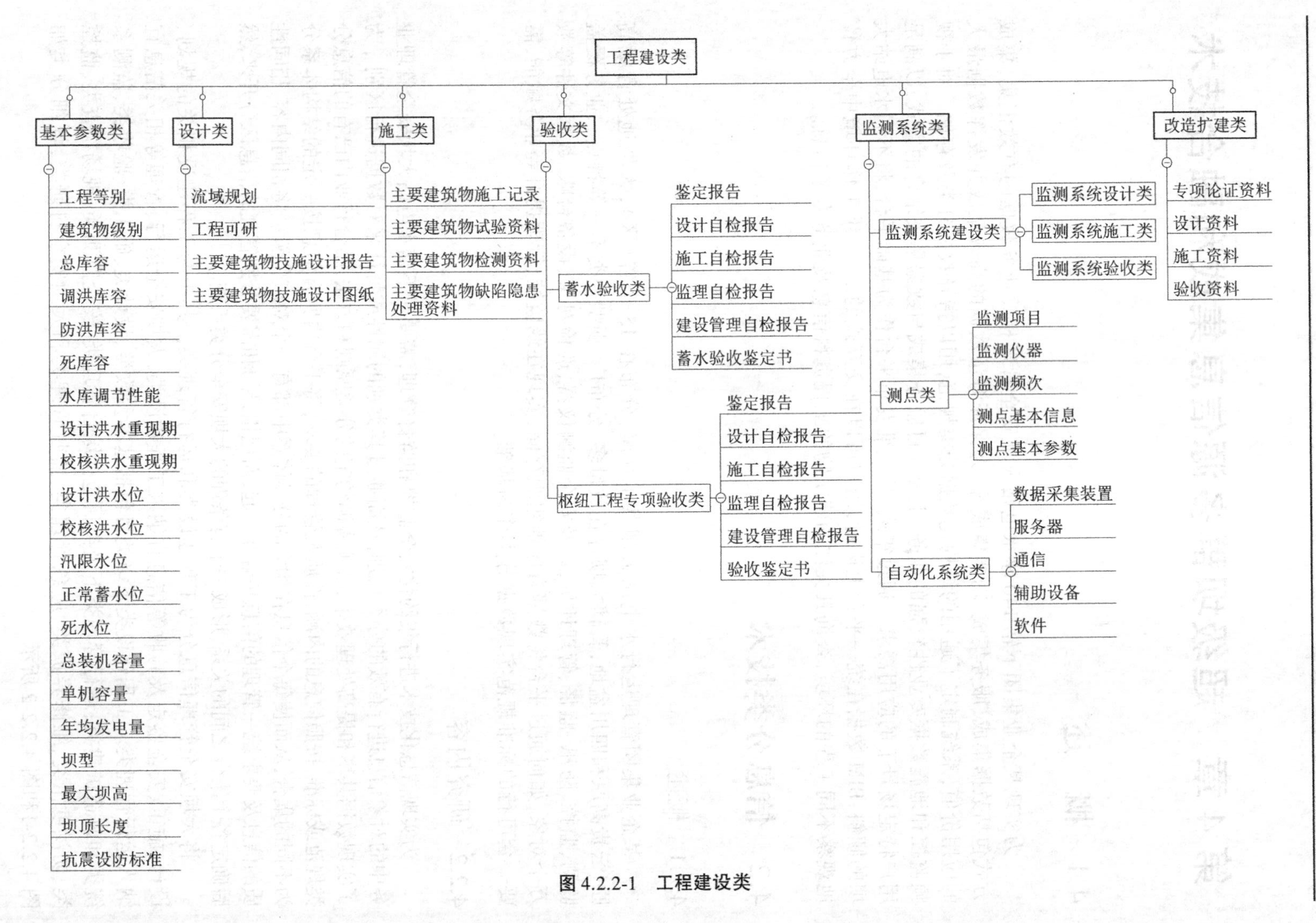
工程建设类
基本参数类
工程等别
建筑物级别
总库容
调洪库容
防洪库容
死库容
水库调节性能
设计洪水重现期
校核洪水重现期
设计洪水位
校核洪水位
汛限水位
正常蓄水位
死水位
总装机容量
单机容量
年均发电量
坝型
最大坝高
坝顶长度
抗震设防标准
设计类
流域规划
工程可研
主要建筑物技施设计报告
主要建筑物技施设计图纸
施工类
主要建筑物施工记录
主要建筑物试验资料
主要建筑物检测资料
主要建筑物缺陷隐患处理资料
验收类
蓄水验收类
鉴定报告
设计自检报告
施工自检报告
监理自检报告
建设管理自检报告
蓄水验收鉴定书
枢纽工程专项验收类
鉴定报告
设计自检报告
施工自检报告
监理自检报告
建设管理自检报告
验收鉴定书
监测系统类
监测系统建设类
监测系统设计类
监测系统施工类
监测系统验收类
测点类
监测项目
监测仪器
监测频次
测点基本信息
测点基本参数
自动化系统类
数据采集装置
服务器
通信
辅助设备
软件
改造扩建类
专项论证资料
设计资料
施工资料
验收资料

图 4.2.2-1　工程建设类

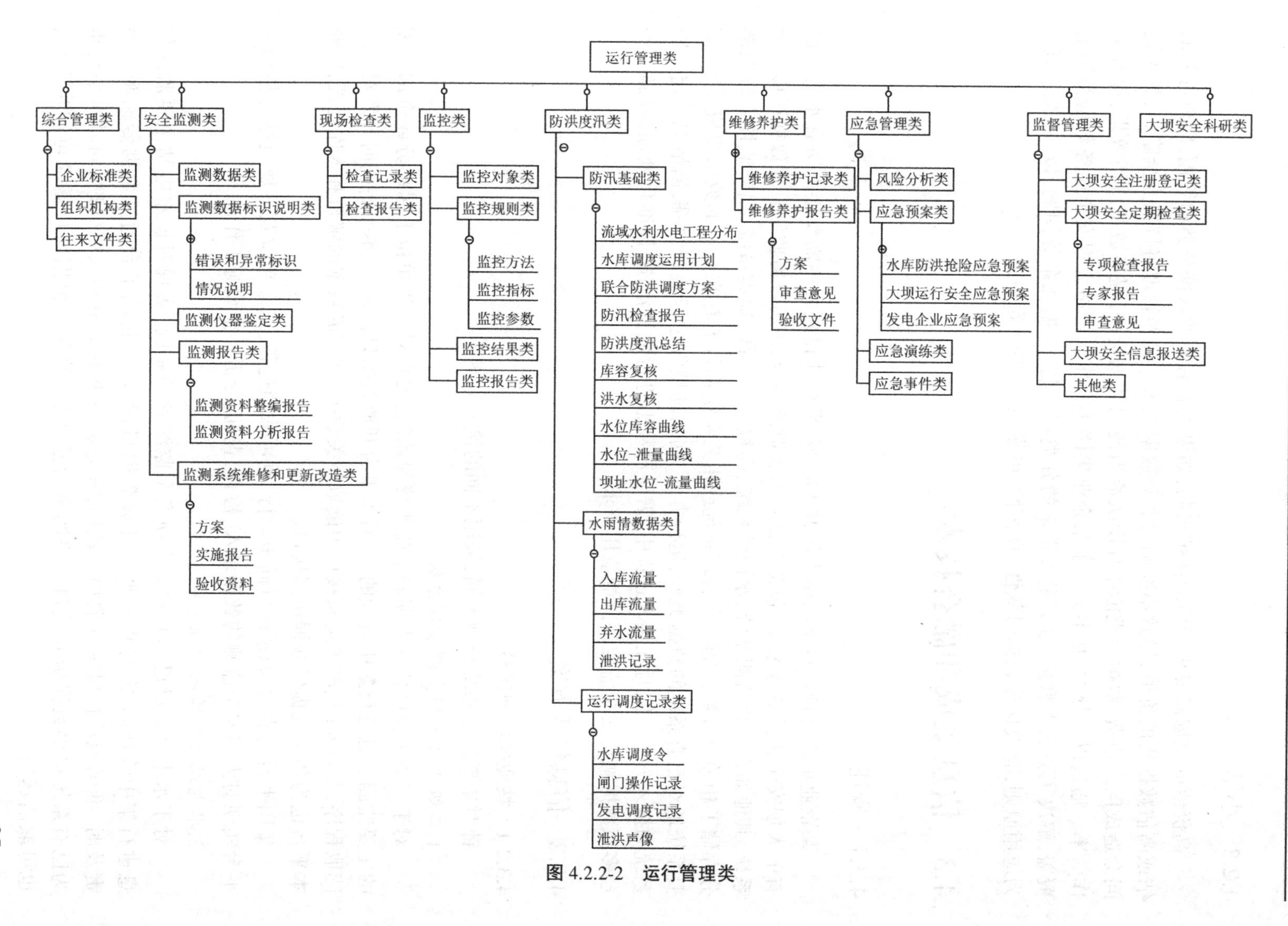
运行管理类
综合管理类
企业标准类
组织机构类
往来文件类
安全监测类
监测数据类
监测数据标识说明类
错误和异常标识
情况说明
监测仪器鉴定类
监测报告类
监测资料整编报告
监测资料分析报告
监测系统维修和更新改造类
方案
实施报告
验收资料
现场检查类
检查记录类
检查报告类
监控类
监控对象类
监控规则类
监控方法
监控指标
监控参数
监控结果类
监控报告类
防洪度汛类
防汛基础类
流域水利水电工程分布
水库调度运用计划
联合防洪调度方案
防汛检查报告
防洪度汛总结
库容复核
洪水复核
水位库容曲线
水位-泄量曲线
坝址水位-流量曲线
水雨情数据类
入库流量
出库流量
弃水流量
泄洪记录
运行调度记录类
水库调度令
闸门操作记录
发电调度记录
泄洪声像
维修养护类
维修养护记录类
维修养护报告类
方案
审查意见
验收文件
应急管理类
风险分析类
应急预案类
水库防洪抢险应急预案
大坝运行安全应急预案
发电企业应急预案
应急演练类
应急事件类
监督管理类
大坝安全注册登记类
大坝安全定期检查类
专项检查报告
专家报告
审查意见
大坝安全信息报送类
其他类
大坝安全科研类
图 4.2.2-2　运行管理类

4.2.3 小结

高价值的数据需要更严格的保护机制,如果没有有效的数据分类和管控,用户可能低估或高估数据集的价值,导致不准确的业务数据成果。错误管理将带来安全隐患,毫无疑问会造成巨大浪费,数据分类能指导团队恰当使用数据资产,提高数据应用效果,提升工作效率。通过以上分类,基本实现了某企业集团140座水电站大坝安全业务数据类型全覆盖,解决了数据类型多、数据量大带来的分类不清楚、数据冗余等问题,以"一数一源"为应用原则,有效保障数据时效性、真实性、可靠性、完整性等特点。

4.3 信息集成和融合技术

4.3.1 概述

某企业集团管理运行水电站大坝共140座,平台建设过程中需要接入所有水电站已有的大坝安全相关业务系统,包括对已有大坝监测系统,须将已有监测管理数据迁移至新系统,其他如自动化监测系统、水雨情系统、巡视检查系统、地震系统、视频监控系统及部分存储了相关业务数据的生产管理系统或相关系统都可能存在一定的数据集成需求,需要系统地对已有系统的数据类型、运行方式、网络环境等进行梳理,并根据情况确定不同系统的接入方案。同时在接入过程中,需要对数据进行数据清洗、标准化处理,以满足平台多源数据融合安全监控评判的应用需求。

4.3.2 信息集成方案

4.3.2.1 按业务类型区分

针对集成信息系统类型不同,采用不同的接入方案。

1.二级单位大坝监测管理系统

对于二级单位已建立大坝安全监测管理系统,实现对二级单位下属部分或全部大坝的主要监测信息进行集中管理的,需对本平台开放数据只读接口,本平台同时开发对应的读取程序,负责及时、准确地从接口中读取相关数据,并完成数据的解析和入库处理,同时本平台也为各系统提供数据访问接口。

集团平台建成后,原系统可同步运行,也可取消运行,二级单位及下属电站可使用本平台实现对大坝安全监测的数据录入、检查、查询、分析及整编等工作。

2.水电站大坝监测管理系统

对于水电站自己已单独建立大坝安全监测管理系统,实现对该水电站主要监测信息进行集中管理的,需对集团平台开放数据只读接口,集团平台通过数据传输服务负责及时、准确地从接口中读取相关数据,并完成数据的解析和入库处理,同时本平台也为已有系统提供数据访问接口。集团平台建成后,原系统根据用户需求可同步运行,也可取消运行。

3.水电站自动化监测系统

对于水电站端建设的自动化监测系统（如该自动化监测系统的数据未集成到水电站或二级单位现有的大坝安全监测管理系统），需对集团平台开放数据只读接口，集团平台通过数据传输服务负责及时、准确地从接口中读取相关数据，并完成数据的解析和入库处理。集团平台建成后，原系统需继续保留使用。必要时，需对本平台提供远程采集服务接口，本平台通过远程发送采集指令能够实现对监测设备的远程调用，实现数据及时采集、设备检查及设备运行状态的远程监控。

4.接入点水雨情系统

二级单位已建设统一的流域级或公司级水雨情监测系统，需对集团平台开放数据只读接口，集团平台同时开发对应的读取程序，负责及时、准确地从接口中读取相关数据，并完成数据的解析和入库处理。

水电站单独建立的水雨情系统，则需对集团平台开放数据只读接口，集团平台通过数据传输服务负责及时、准确地从接口中读取相关数据，并完成数据的解析和入库处理。水雨情系统已汇总到电站或二级单位现有的大坝安全监测管理系统，则本平台优先从该系统中提取数据。集团平台建成后，原系统需继续保留使用。

5.接入点巡视检查系统

已建巡视检查系统的，需对集团平台开放数据只读接口或向本平台推送相关数据，集团平台通过数据传输服务负责及时、准确地完成数据的解析和入库处理。集团平台建设完成后，建议接入点切换到集团平台。

6.接入点地震系统

各接入点地震系统需对本平台开放数据接口，集团平台通过数据传输服务负责及时、准确地从接口中读取相关数据，并完成数据的解析和入库处理。

4.3.2.2　按网络环境区分

数据接入与集成是本平台建设的基础，水电站端网络按照电力监控系统安全防护规定，自动化采集与本平台均在三区网络（管理信息大区，以下统称三区）中部署，水雨情数据如未同步到三区网络，需加装正向隔离装置，先将其从二区网络（非控制区，以下统称二区）同步到三区，再接入到本平台。部分电站的自动化观测系统可能处于单独的封闭网络，接入时需先接入到三区网络，可能需要增加网卡、路由器、交换机等设备，以满足接入点信息集成接入的需求。不同环境下处理措施见表 4.3.2-1。

表 4.3.2-1　不同环境下处理措施

序号	现有系统	现有系统所在当前网络环境	处理措施
1	现有的大坝安全管理信息系统	二区网络	需搬迁到三区，或自行加装单向隔离装置后，同步到三区
		三区网络	无须处理
		单独小网络	自行接入到三区网络

续表 4.3.2-1

序号	现有系统	现有系统所在当前网络环境	处理措施
2	现有的自动化监测系统(未接入到现有的大坝安全管理信息系统)	二区网络	需搬迁到三区,或自行加装单向隔离装置后,同步到三区
		三区网络	无须处理
		单独小网络	自行接入到三区网络
3	水情水调系统(未接入到现有的大坝安全管理信息系统)	二区网络	自行加装单向隔离装置后,同步到三区
		三区网络	无须处理
		单独小网络	自行加装单向隔离装置后,同步到三区
4	其他系统(未接入到现有的大坝安全管理信息系统)	二区网络	需搬迁到三区,或自行加装单向隔离装置后,同步到三区
		三区网络	无须处理
		单独小网络	自行接入到三区网络

4.3.2.3 广域网与互联网

不同网络环境下采用不同的接入方式。

1.集团广域网内所有接入点

由中心站主动抓取各接入点的现有管理系统数据(已汇集自动化、人工、水情、地震、巡视检查等数据)或无管理系统的自动化、水情、地震、巡检等系统监测数据。

2.互联网内所有接入点

由各接入点的现有管理系统数据(已汇集自动化、人工、水情、地震、巡视检查等数据)向中心站主动报送所有数据;无管理系统的接入点,将设置前置服务器,在本地完成对自动化、人工、水情、地震、巡视检查等数据的汇集后,再主动报送所有数据到中心站。

4.3.3 小结

通过以上数据集成方案,将系统多源、多类型、巨量大坝安全相关信息进行有效集成,基于数据分类规范,将某企业集团所有大坝安全管理业务数据按照统一的标准和规范进行集中管理和融合,横向涉及多项业务和数据类型,纵向覆盖对象的全生命周期,实现监测、GNSS、水雨情、巡视检查、地震、视频监控等近百个外部系统的动态实时集成和数据治理,已集成测点5万余个,治理监测数据近3万条,在线跟踪上千条隐患闭环治理进度,为在线监测、防洪度汛、隐患管理、安全监控等业务提供数据服务。提升了集团大坝安全业务运营工作效率,同时通过数据清洗、评判等手段,进一步提升了数据质量与应用价值,在满足大坝安全集约化管理的前提下,通过深度挖掘数据潜在价值赋能业务,为用户提供决策支撑。

4.4　地震数据集成技术

4.4.1　概述

水工建筑物强震动安全监测是指用专门的仪器记录强震动时工程结构和场地的地震反应，为评估水工建筑物安全性而进行的监测。国内各电站的强震数据仅局限于数据的采集，对于如何有效应用于大坝安全监测中未见成熟的模式，探索地震数据用于大坝安全监测的实现途径，最终形成的成果可在某企业集团超级坝群及国内各电站进行推广应用。

某企业集团共有 9 座大坝设置了强震动监测项目，采集频率均为 200 Hz，存在监测数据存储量大、监测数据分析不便等问题。

4.4.2　研究内容

为探索地震数据用于大坝安全监测的实现途径，对采集到的地震数据进行无损抽样优化处理后接入某企业集团超级坝群大坝安全集约化监控和监督管理平台中，用模态分析软件对平台中存储的地震数据进行大坝的模态分析，求取大坝的模态参数，识别大坝的频率、阻尼比及震形，进行地震事件识别，达到对地震数据进行处理和分析的目的，并将分析成果（数据、图、表等）接入平台。

根据研究思路，地震数据集成技术研究包括观测数据无损抽样、观测数据存储、结构模态分析、地震事件自动识别与分析、强震动参数分析与存储、监测数据分析与存储、分析成果产出与存储、数据接口服务等核心功能。

4.4.2.1　观测数据无损抽样与存储

国内在地震勘探等方面处理地震数据，多采用数据压缩技术，即通过压缩设法去掉部分或全部冗余数据进行传输或存储，当要使用这些数据时，需经过还原处理得到源数据才能进行应用。本项目通过对海量白噪声数据分析发现，对大坝结构体的主要有效响应震动频带范围一般均在 DC-10 Hz，因此研究中以采集的原始地震观测数据（200 Hz）为对象，先采用等波纹 FIR 滤波器对原始数据进行低通滤波处理，过滤掉无效干扰信号，保留 DC-10 Hz 区间信号；再对滤波后的数据进行不同比例的反复多次抽样，发现处理至25 Hz 即数据量减少 80%时，无损还原大坝震形效果最优，且可以满足大坝安全监控分析需要。该技术不同于常用的数据压缩技术，抽样后的数据无须经过还原处理，可直接进行后续大坝时频和结构模态分析，提取大坝动力学参数。无损抽样前后数据量大小见图 4.4.2-1。无损抽样后的数据将自动存储到某企业云服务器上，系统采用定时任务方式，根据传输数据量利用网络空闲时间上传，并进行存储。数据结构可采用结构化或非结构化相结合的方式进行存储，结构化数据采用ORACLE数据库进行存储，非结构化数据采用 MONGODB 数据库进行存储。

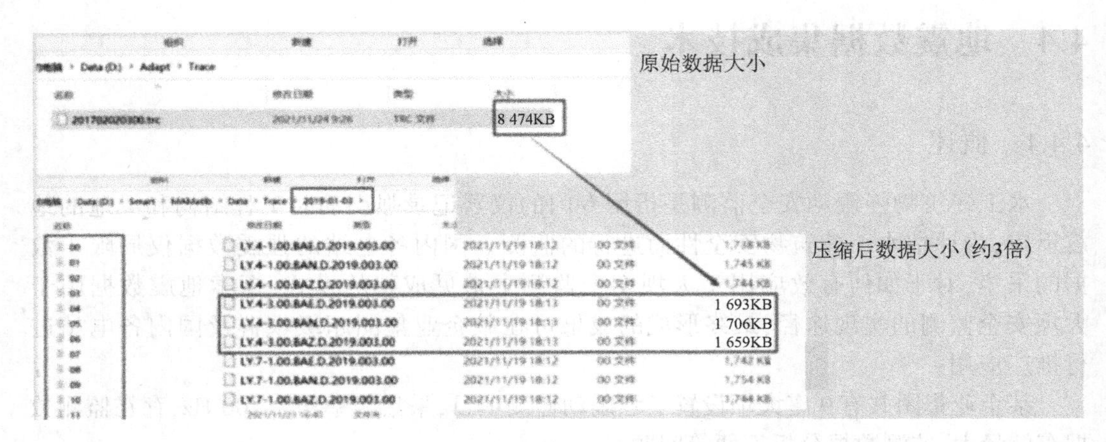

图 4.4.2-1 无损抽样前后数据量大小

4.4.2.2 时频和结构模态分析与存储

结构模态分析功能的主要任务是基于无损抽样后的地震观测数据,实现自动/人工时频分析功能;基于大坝时频数据,实现结构动力参数的提取,按大坝、站点、时间生成相应大坝的动力学参数,包括各站点不同时刻的振型、能量和方向等自动/人工结构模态分析功能。分析成果产出在某企业集团云服务器设计时频和模态数据存储方式及结构(建立采用结构化的数据库存储方式),并按要求将系统产出的时频和模态数据分析结果实现存储与读写等功能。

4.4.2.3 地震事件自动识别与分析

地震事件自动识别与分析功能的主要任务是在实现地震事件自动触发功能的基础上,优化地震事件数据处理及产出功能,实现包括地震事件强度分析、结构响应分析、地震事件评估等功能。

4.4.2.4 强震动参数分析与存储

强震动参数分析与存储功能的主要任务是实现基于地震观测数据流的实时强震动参数计算产出及存储管理功能,强震动数据包括峰值加速度、峰值速度、峰值位移、峰值加速度反应谱等实际由加速度传感器记录的物理量。

4.4.2.5 监测数据分析与存储

监测数据分析与存储功能的主要任务是实现地震结构台阵观测系统的运行状态监测数据分析以及存储管理功能,包括传感器工作状态、采集器工作状态、网络通信状态、数据传输状态、数据质量状态、数据处理状态、事件触发状态等。

4.4.2.6 数据接口服务

数据接口服务功能的主要任务是针对业务需求实现各种主流业务数据服务接口功能,包括观测数据、分析数据、监控数据、基础数据、事件数据、系统数据等,以便于第三方系统的数据共享与服务。

地震数据无损抽样后用于大坝安全监测技术图示见图 4.4.2-2。

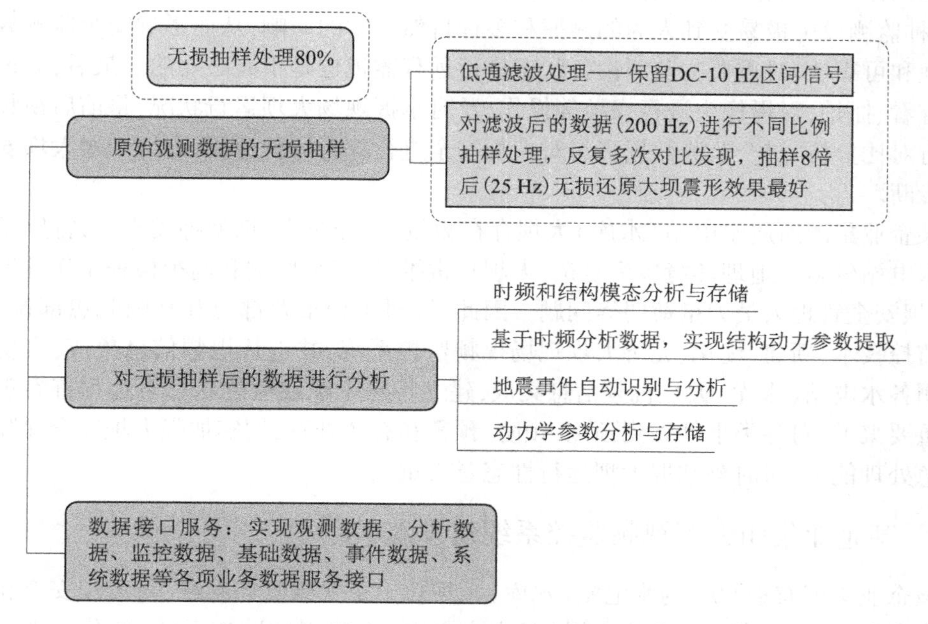

图 4.4.2-2 地震数据无损抽样后用于大坝安全监测技术图示

4.4.3 小结

目前,国内大坝安全监测系统对地震数据的存储以记录地震事件和动力参数为主,从实践经验看,这样的做法将出现信息的遗漏。本次研究经过某混凝土重力拱坝 10 年地震历史数据验证,经无损抽样后数据量可由 476 G/a 降至约 60 G/a,大大降低了海量地震白噪声数据的处理时效,且满足大坝安全监控分析需要。

研究成果既解决了地震动态监测数据因数据量大而引起的传输速度慢、存储空间占用量大等问题,又在不影响动力学参数提取和模态分析的前提下,达到无损优化处理效果,为地震数据接入平台的应用提供了可行的解决方案,探索了地震数据用于大坝安全监测的有效途径,研究成果计划逐步在设有地震监测系统的大坝开展应用。

4.5 视频集成技术应用

4.5.1 视频集成的意义

大坝安全监测工作遵循仪器监测和巡视检查相结合的原则。巡视检查是监视大坝安全运行的一种重要方法,而视频监控则是巡视检查的重要辅助手段。首先,通过巡视检查发现的一些大坝运行异常缺陷,如裂缝的产生、新增渗漏点、混凝土冲刷和冻融、坝基析出物、局部变形等,这些缺陷在仪器上常常反映不出来,视频监控可为远程巡视检查提供技术手段,还可对数字或刻度类监测仪器、仪表进行远程测读,补充或代替部分人工现场巡视检查工作。其次,大坝安全监测系统是大坝重要的附属设施,它广泛布置在大坝各个部位,各种监测设施极易受到人为的碰撞和多种自然因素的影响,从而影响安全监测数据的准确性和可靠性,对重要的监测设备状态进行远程监视也是很有必要的。最后,通过远程视频查看、抓拍,对摄像头进行操控等操作,及时掌握现场大坝运行状况,将前后视频或照片进行对比分析,结合监测数据资料对大坝安全进行综合评价分析,有助于对大坝安全性态的诊断。

某企业集团所属水电站(水库)大坝存在数量多、分布广、坝型种类不一,特别是收购的小水电站较多且地理环境较为复杂,大坝日常维护、安全监测和巡视检查工作开展不规范,大坝安全管理人员力量薄弱等问题。因此,针对工程重要部位和缺陷隐患部位,应用视频监控技术,新建、优化、完善大坝现场视频监控系统,并进行视频信息集成,实现该企业集团各水电站(水库)大坝视频信息集成,建立特殊工况或应急状态下远程查看现场情况的重要渠道,对各类事件做到预判、预防、预警和有效处置,切实加强大坝安全保障能力和应急处理能力,对时刻掌握大坝运行性态意义重大。

4.5.2 某企业集团大坝视频监控系统建设现状

该企业集团有近80%的水电站(水库)大坝建设了视频监控系统,与大坝安全相关的摄像头有近600个,有超1/5的大坝(多为小水电)未建视频监控系统,部分大坝未布设与大坝安全相关的摄像头监控点位。已建的视频监控系统建设厂家主要集中在海康威视和大华,其他16座厂家各一;有60座已分别接入各涉坝单位已建的11个集控中心,无接入视频监控系统建设厂家云服务平台的情况。因各单位对视频监控的重要性认识不一,部分单位日常运行维护缺失,导致系统长期运行存在硬盘录像机、服务器、摄像头等设备老化,网络线路中断,建设厂家停止技术服务等问题。

4.5.3 视频监控系统发展现状

4.5.3.1 视频信息传输方式

视频信息的传输是整个视频接入集成系统的关键一环,关系到图像质量和使用效果。目前,常用的传输介质有同轴电缆、双绞线、光纤等,对于不同场合、不同的传输距离,选择不同的传输方式。

1.传统方式

采用同轴电缆或双绞线传输,是最为传统的视频监控传输方式。短距离传输图像信号损失小,造价低廉,系统稳定。1 km以上高频分量衰减较大,无法保证图像质量,双绞线质地脆弱、抗老化能力差,只适用于室内、同一园区视频信息传输。

2.无线AP传输

无线AP传输是利用“无线AP点+路由器”来进行无线传输的方式。无线AP传输距离的长短取决于无线AP点和无线路由器的功率大小。网络摄像机增加无线AP模块,AP点与地面无线路由器进行传输。适用于短距离、不易布线的环境。

3.互联网专线

常见的有模拟光端机和数字光端机,是解决几十甚至几百公里电视监控传输的最佳方式，通过把视频及控制信号转换为激光信号在光纤中传输，传输距离远、衰减小，抗干扰性能好，适合远距离传输。

4.4G/5G 物联网卡

4G 网络上行速率为 20 M，下行速率能达到 100 M，能够有效支持高清网络摄像机的应用，带动高清无线视频监控产业大步向前发展。随着 5G 网络的推出，无线高清网络摄像机在未来具有巨大的市场空间。

4.5.3.2　视频监控系统软件开发应用情况

对国内的视频监控系统软件开发应用情况进行调研发现，海康威视综合安防可视化视频集成系统在国内各行业领域应用较为普遍。其功能丰富，综合集成了视频监控、综合报警、门禁控制、监听对讲、智能分析、公共广播、电子巡更、人员定位等多个应用子系统，通过上层综合管理系统的统一协调实现各应用子系统间的资源共享与信息互通，可满足后期应用扩展需求。能够根据需要融合不同厂家的视频监控系统，达到管理便捷性、数据直观性，实现跨系统之间的数据通信和联动响应，亦可以云服务的方式将不同地点视频信号统一集成部署，各应用端根据实际需求，通过专网获取集成软件提供的服务。其具有以下几个优点：

（1）系统成熟稳定，是目前国内主流的视频监控集成系统。

（2）接入能力更强大，监控点接入数量可达 10 万路。

（3）兼容能力好，能兼容大多数品牌摄像头产品。

4.5.4　视频集成技术应用

鉴于前期调研情况，海康威视开发的视频集成系统是目前国内应用的主流产品，与其他厂家视频监控系统、摄像头兼容性较高，且该集团超 50%的水电站大坝视频监控系统采用的是海康威视产品，因此拟采用海康威视综合安防可视化视频集成系统作为某企业集团水电站（水库）大坝视频信息集中管理平台，建立了一套以大坝中心为汇聚中心、各单位逐层接入的视频集成系统，实现在中心点实时直连任意大坝现场摄像头，进行视频查看、截图、录像等应用操作，充分发挥大坝中心专业化监督监控的作用，为大坝安全可控、在控提供技术支持。

4.5.4.1　设计思路

依托视频监控系统的“网络化、高清化、智能化”发展趋势，本次视频集成监控系统采用“全高清+分散存储/集中存储”的模式进行设计，将以前监控系统实现的“看得见”向现阶段的“看得清”跨越，更好地服务于大坝安全管理人员，加强大坝现场巡视检查的监控力度。

系统前端摄像头布设要求各单位结合现有监控系统实际，选择分辨率在 1 080 P 及以上的摄像机产品，充分应用超广角技术、立体监控技术，对传统视频监控进行有效补充和优化，实现大坝及库区整体面貌、工程重要部位和缺陷隐患部位的监控，保障监控效果。

系统存储设计以“汇聚点 24 h 实时存储+汇聚中心抓取异常画面备份存储”为基本原

则,设计实时视频存储保存 7 d 及以上,异常画面长久保存,存储格式达到 1 080 P 及以上。

系统显示设计采用目前主流的大屏拼接技术,采用液晶拼接屏结合 LED 显示屏的方式组成电视墙,可显示实时视频、录像视频、轮巡视频、报警信息等。

系统控制主要通过各汇聚点、汇聚中心配备的终端设备实现视频的切换显示、轮巡设置、云台的转动、镜头的伸缩等。

4.5.4.2 监控点位部署原则

根据监视对象的特点及监控内容,各大坝现场选择合适的布置监控点位和前端监控摄像头对现有视频监控系统进行改造、优化。

1.监控点位应包括的区域

(1)全景监控范围。包括坝顶和上、下游坝面,左、右岸坝肩,枢纽区边坡,影响工程安全的泥石流沟、滑坡体等,大坝管理区范围内的大型漂浮物等区域。

(2)重要监控部位。包含混凝土坝的基础廊道、岸坡连接坝段、不同结构连接部位,土石坝的坝脚、防浪墙与防渗体的结合部位、穿坝建筑物的下游面、岸坡连接坝段,泄洪闸门、泄槽、消能设施,上部大梁等易阻水部位,有失稳迹象,且失稳后影响工程正常运用的近坝库岸和工程边坡,以及重要监测设施等。

(3)缺陷隐患监控对象。包括坝基、坝脚及坝后等部位的涌水点,坝脚渗水浑浊,影响大坝整体安全的裂缝、错动、塌陷等。

2.前端监控摄像机选用安装原则

根据监控对象所处环境及其监视范围和清晰度,前端设备应符合下列要求:

(1)大坝、库区环境多雾的监控场景,采用具有透雾功能的摄像机。

(2)大坝制高点监控宜采用高空瞭望云台摄像机或全景摄像机。

(3)监控闸门、阀门、门槽、量水堰等固定场景对象,可采用固定式定焦摄像机。

(4)室外环境应采用室外全天候防护罩保护前端设备,以免受极端天气的影响。

(5)摄像机镜头应避免强光直射,保证摄像管靶面不受损伤,镜头视场内不得有遮挡监视目标的物体。

(6)摄像机镜头应从光源方向对准监视目标,当逆光安装时,应降低监视区域的对比度。

(7)摄像机架设在高压带电设备附近,应根据带电设备的要求保证安全距离。

4.5.4.3 视频集成架构设计

目前大部分水电站(水库)大坝视频信号均汇聚在集控中心或电站中控室,可按照先集控后单站、先大中型后小型、先已建后未建的顺序,将各站视频监控信息进行集成。

4.5.4.4 集成网络结构

1.视频监控系统层次结构

主要分为信息采集层、网络接入层、传输层、处理层。视频监控信息集成系统层次结构示意图见图 4.5.4-1。

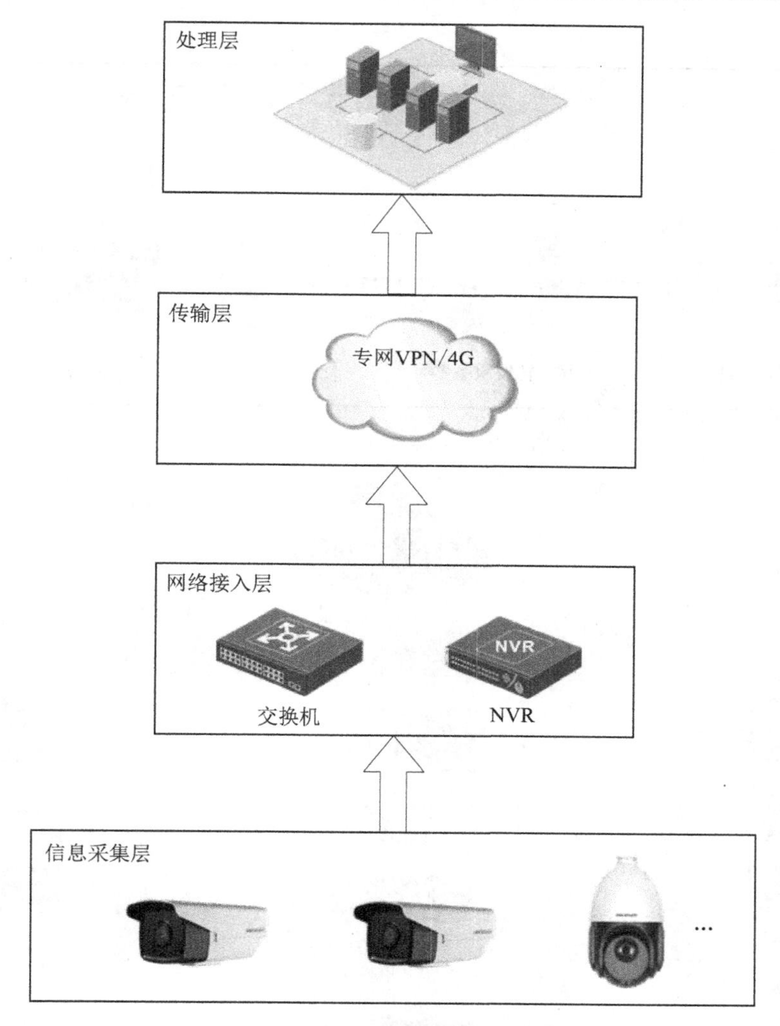

图 4.5.4-1　视频监控信息集成系统层次结构示意图

信息采集层以摄像机进行前端感知,采集视频信息。

网络接入层主要涉及设备为硬盘录像机,通过接收摄像机设备传输的数字视频码流,完成视频的录像、存储及转发。

网络传输层是视频监控系统中非常重要的一环,传输层建设主要取决于视频监控系统所在场景,根据现场环境的不同,选择合理的传输方式实现视频监控信号向处理层的传输。

处理层主要依托视频接入集成软件进行管理、应用。

2.传输网络方式

某企业集团各涉坝单位租用运营商互联网专线,所有汇聚点均通过专线,采用海康威视的 Ehome/萤石云级联协议将视频信息集成至汇聚中心点。已接入各单位集控中心的汇聚点按照至少 12 M 带宽考虑,未集成的大坝按照其实际与大坝安全相关的摄像机数量考虑带宽。视频监控信息集成系统网络结构示意图见图 4.5.4-2。

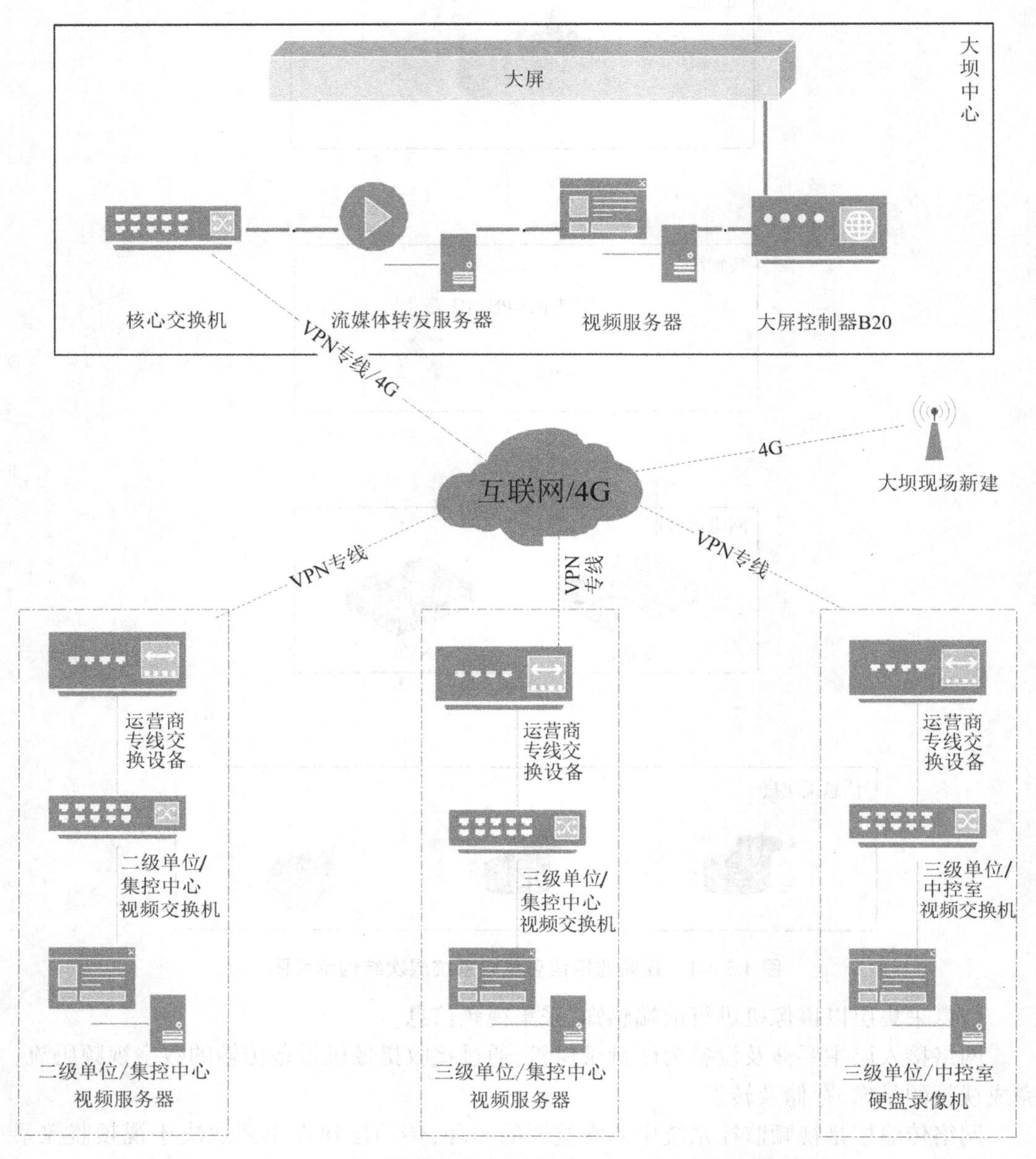

图 4.5.4-2　视频监控信息集成系统网络结构示意图

4.5.4.5　存储方式

在汇聚点选用 NVR 存储模式对实时视频数据进行分布式存储。前端视频经数字化处理后,以 IP 码流形式写入到嵌入式 NVR 设备,由 NVR 进行集中录像存储、管理和转发。

在汇聚中心机房选用 CVR(流直存)对抓取的异常画面、报警视频数据进行长期备份存储。前端报警视频流经 NVR 直接写入 CVR 存储系统进行备份存储,可进行录像、回放、检索等,以进一步保障存储数据的完整性和存储系统的持续运行。

4.5.5　小结

本章针对某企业集团所属大坝有很大一部分未建视频监控系统,已建的系统也存在硬件设备老化、网络中断,视频监控系统运行状况不佳,无法为大坝安全巡视检查提供辅助支撑的问题,进行了大坝视频监控信息集成系统技术应用。以海康威视综合安防可视化视频集成系统为基础,通过建立某企业集团互联网数字专线视频链路网络,建设了该企业集团水电站(水库)大坝视频信息集中管理平台,从集团级层面推动了小水电站大坝视频监控系统的新建、改造工作,进一步巩固了该企业集团各水电站(水库)大坝视频监控系统的可靠性,实现水电站大坝运行期视频信息的实时监测及应用,为实时掌握大坝运行性态提供了信息支持。

4.6　GIS 和 BIM 技术应用

4.6.1　GIS+三维可视化技术应用

基于 GIS+BIM 基础支持平台的二、三维发布平台,将充分利用当代空间信息技术、建筑信息模型技术、三维可视化技术、数据库技术,以三维地理信息环境和大坝建筑物三维模型为载体,集成工程的基本属性、结构图纸等设计成果数据,基于三维地理信息系统平台和建筑信息模型管理平台,建设统一模型发布平台,用户可以在交互式的二、三维工作环境中全方位地观察工程环境,查询其关注的建筑物工程资料信息及业务专题信息。能够用二、三维工程安全监测、水情测报、视频监控等运维信息,建立基于三维可视化系统的会商决策环境,提升大坝安全管理水平。平台聚焦水库电站,开展高精度实景三维底图建设,打造水利水电数字孪生数据底座,同时整合高清正射影像、地形(DEM)、倾斜摄影三维模型、BIM 模型、物联网等数据,形成“电站基础现状一张图”。

在二维场景下,平台集成多个基础功能,倾斜摄影测量属真三维数据,具有可量测的优势,模块提供了测距、测高、测面积、全景、飞行等辅助工具。BIM 维场景下,支持进行切剖面,多期模型渲染以及透显度等基础功能。查看大坝 BIM 模型任意位置的纵断面,剖切完毕的模型根据属性区分不同时期(类似多期展示)。

4.6.2　业务专题

4.6.2.1　在线监测/安全监控

通过树结构展现了电站所有在线监测测点,并提供工具实现测点在三维场景中的标绘,同时将测点基本信息、测值过程线等接入平台,用户不仅能实时查看测点的监测信息,更能够直观了解每个测点的埋设位置。在线监测模块树结构解析见图 4.6.2-1。

图 4.6.2-1　在线监测模块树结构解析

在此专题下，用户可根据需要实现测点标绘、测点数据查询、动态创建标签要素等操作，实现三维场景下的监测监控业务联动展示效果。

4.6.2.2　现场检查

通过树结构展现了电站全部检查路线，并提供工具实现测点在三维场景中的标绘，用户可查看每条检查路线对应的检查结果、检查内容。检查记录如图 4.6.2-2 所示。

图 4.6.2-2　检查记录

4.6.2.3　水工建筑物可视化

通过 BIM+GIS 技术，结合静态数据、动态业务信息，实现管理业务的“可视化”。对于重点关注的水工建筑物，通过事先配置的相应定位视口，可在三维场景下实时了解相关基础信息。将主要水工建筑物的基本信息与 BIM 模型形成资产关联，即实现在三维场景下浏览业务数据信息。某大坝三维可视化截图如图 4.6.2-3 所示。

图 4.6.2-3　某大坝三维可视化截图

4.6.3　小结

基于二、三维统一发布技术，实现了某企业集团统一的三维实景地理信息应用平台，平台具有场景真实、定位准确、表现直观、可进行多种空间分析与管理的功能，同时根据业务需要，打造安全监测、在线监控、巡视检查及设备设施等应用场景，极大地发挥了二、三维数据的应用价值，实现通过三维实景立体真实的表现方式，对业务数据进行综合统计与分析，并叠加在二、三维场景上展示，方便用户进行统计分析，得出有价值的规律，提升工作效率。

第5章 超级坝群集约化安全监控技术

5.1 概 述

首先确定监控方案的工作内容和编制大纲，并分别对通用监控技术、重点工程监控技术和监控模块技术进行研发。

5.1.1 监控方案内容

大坝运行安全在线监控方案主要包括以下几方面内容。

5.1.1.1 大坝运行安全分析

根据工程特点、大坝破坏模式分析及实际出现的缺陷隐患，确定大坝的重点部位和问题部位，确定大坝正常运行条件和大坝风险事件。

5.1.1.2 确定监测成果有效性检查方法及指标

根据大坝各类监测成果的特性，明确适用的有效性检查方法并提出相应的有效性指标。

5.1.1.3 确定监控内容

针对出现的不安全现象和潜在的不安全征兆两个方面，结合大坝运行安全分析结果，确定监控内容，包括监控对象、监控部位、监控项目和监控点。确定需要快速结构复核项目，确定重要监测测点。

5.1.1.4 构建分级预警体系及监控指标

根据实际情况，按分级预警的原则，划分预警等级；建立与分级预警等级相适应的监控预警指标和评判准则。

5.1.1.5 确定出现不安全现象的监控方法

针对大坝非正常运行、结构破坏及风险事件，确定监测数据识别、视频监控、遥感等监控方法。

5.1.1.6 制定综合评判方法和评判规则

制定实现大坝安全综合评判所需的具体异常识别方法，包括监测数据异常识别、现场检查信息异常识别、大坝安全状况综合评判及结构复核方法。

制定所需的评判规则，包括监控点评判规则、监控项目评判规则、监控部位评判规则、监控对象评判规则、大坝安全综合评判规则等。

5.1.1.7 监控工作管理

提出分级预警等级、发布机制和发布流程；监控发现的问题管控流程；监控方案管理，提出监控方案的调整条件和调整流程。

5.1.2 监控方案编制大纲

5.1.2.1 工程基本情况

工程概况，主要监测项目概况。根据设计资料、历次大坝安全定检或安全鉴定工作，以及大坝日常运行管理情况，分析工程重要部位和薄弱部位。

5.1.2.2 大坝运行安全分析

1.分析大坝破坏模式

分析确定大坝可能存在的溃坝、漫坝及结构重大破坏等模式。

2.确定大坝的重点部位

根据工程特点、大坝破坏模式分析、实际出现的缺陷隐患，确定大坝的薄弱部位和关键部位。

3.确定大坝正常运行条件

从大坝运行水位、大坝运行荷载、泄洪消能设施运行方式等方面提出正常运行条件。

4.提出大坝风险事件

提出符合工程实际情况的外部风险事件，如洪水、暴雨、地震等自然灾害事件。

5.1.2.3 监测数据有效性检查

应根据大坝各类监测成果的特性，明确适用的有效性检查方法，并对所有在测的监测测点提出有效性指标。

有效性检查可采用下列方法或其组合。

1.逻辑判别法

根据监测仪器量程、监测精度、监测数据的物理意义，判断测值有效性。

2.统计判别法

以相近工况下的监测物理量作为样本数据，采用相关统计准则，判断测值有效性。

3.数学模型判别法

建立监测量的统计模型、混合模型等数学模型，根据置信区间判断测值有效性。

5.1.2.4 大坝运行安全监控内容

根据大坝运行安全分析结果，监控内容应包括出现的不安全现象和潜在的不安全征兆两个方面，并进一步划分为监控对象、监控部位、监控项目和监控点，监控内容确定的原则性要求如下。

1.监控内容

监控内容应包括出现的不安全现象和潜在的不安全征兆两个方面：

(1)出现的不安全现象包括非正常运行、结构破坏和风险事件等方面。

(2)潜在的不安全征兆主要包括通过监测数据和巡视检查信息反映的结构安全性态。

2.监控对象

监控对象应包括但不限于以下几点：

(1)挡水建筑物及其地基和附属设施；

(2)泄水建筑物及其地基和附属设施；

(3)影响大坝安全的边坡、近坝库岸等；

(4)其他影响大坝安全的构筑物；

(5)可能影响大坝运行安全的风险事件。

3.监控部位

监控部位应包括：

(1)混凝土坝的坝顶、坝基、典型坝段、岸坡连接坝段,不同结构连接部位;拱坝还应包括两岸抗力体。

(2)土石坝的坝顶、坝基、防渗体、上游坝坡、下游坝坡、穿坝建筑物连接部位、岸坡连接坝段;面板堆石坝的上游坝坡还应包括面板及周边缝。

(3)泄水建筑物的闸墩、边墙、牛腿等受力部位和上部大梁等易阻水部位,下游护坦、护坡等部位。

(4)影响大坝安全的近坝库岸、边坡及滑坡体、堆积体等不稳定体。

(5)已经存在的大坝安全缺陷等破坏部位。

(6)根据大坝运行安全分析确定的结构薄弱部位或关键部位等重点部位。

4.监控项目

监控项目应包括：

(1)变形；

(2)渗流、渗压；

(3)薄弱部位和存在安全隐患部位的应力、应变等；

(4)薄弱部位和存在安全隐患部位的现场检查；

(5)特定部位和特定关注问题的视频监视；

(6)大坝正常运行；

(7)可能引起影响大坝运行安全的外部风险事件。

5.监控点

监控点应包括：

(1)与监控对象、监控部位相关的上下游水位、降雨量、气温、出入库流量等测点；

(2)反映监控对象整体变形性态的测点；

(3)反映监控对象整体渗流性态的测点；

(4)反映薄弱部位和存在安全隐患部位变形、渗流、应力、应变等性态的测点；

(5)反映其他需要重点关注部位运行性态的相应测点；

(6)薄弱部位和存在安全隐患部位的巡视检查点；

(7)特定部位和特定关注问题的视频监视点；

(8)大坝运行合规性相关测点或信息；

(9)外部风险事件相关测点或信息。

5.1.2.5 预警体系及监控指标

根据监控预警体系的原则性要求,制定适合本工程的预警等级标准、对应的监控预警指标方法和评判准则。

5.1.2.6　出现不安全现象的监控方法

针对大坝非正常运行、结构破坏及风险事件等监控对象,提出不安全现象的监控方法。

1.数据监控

按设计或规范确定的相关指标,对大坝运行相关数据进行监控,应包括(但不限于)以下几个方面。

(1)大坝运行水位是否超闸门顶等控制高程;

(2)大坝运行荷载是否超设计范围;

(3)大坝运行工况是否属于不利工况;

(4)泄洪消能设施运行时长是否不满足设计要求等;

(5)洪水、暴雨、地震等自然灾害。

2.视频监控

对于大坝的重点部位、已发生的破坏或风险事件通过视频或遥感等方法进行监控,应包括(但不限于)以下几个方面。

(1)重点部位宜包括:

①混凝土坝的基础廊道、集水井、岸坡连接坝段、不同结构连接部位。

②土石坝的坝脚、防浪墙与防渗体的结合部位、穿坝建筑物的下游面、岸坡连接坝段。

③泄洪闸门、泄槽、消能设施。

④影响工程安全的其他关键部位和薄弱部位。

(2)破坏现象宜包括:

①坝基、坝脚及坝后等部位的渗漏。

②影响大坝整体安全的裂缝、错动、塌陷等。

③近坝库岸和工程边坡失稳。

④影响工程安全的地质灾害体等。

(3)风险事件。

①坝前大体积漂浮物、失控船舶撞击大坝或堵塞泄洪设施等。

②泄洪建筑物下游河道大坝管理区范围内的过流泄水、人员。

5.1.2.7　综合评判方法和规则

实现大坝安全综合评判所需的方法主要有监测数据异常识别、现场检查信息异常识别、结构复核和大坝安全状况综合评判。

1.监测数据异常识别

采用监控指标法,通过监测数据与监控指标对比,判别量值或变化趋势等是否异常。监控指标宜采用下列方法确定:

(1)通过结构分析计算确定;

(2)参考原设计指标确定;

(3)通过同类工程对比分析确定;

(4)按工程经验确定;

(5)通过数学模型计算确定。

2.现场检查信息异常识别

通过与历次检查结果对比分析,或与同类工程的对比分析判别有无异常。

3.结构复核

根据《水电站大坝运行安全在线监控系统技术规范》(DL/T 2096—2020)规定,特高坝和库容10亿m^3以上的高坝,以及结构复杂的大坝和存在结构安全隐患的大坝应具备快速结构安全复核功能。结构安全复核应通过预设本构模型,根据真实或假定荷载,自动计算并进行成果输出。

4.大坝安全状况综合评判

根据《水电站大坝运行安全评价导则》(DL/T 5313—2014)和工程经验,大坝安全状况综合评判主要依据监测数据、巡查信息和结构复核信息。上述信息是多源信息,需要一定的方法将其融合,该方法的确定需要考虑以下两个原则:

(1)应符合《水电站大坝运行安全评价导则》(DL/T 5313—2014)的相关规定;

(2)评判过程、逻辑应清晰并可回溯。

提出监控点评判规则、监控项目评判规则、监控部位评判规则、监控对象评判规则、大坝安全综合评判规则,以及监测数据、巡检信息和结构异常的评判标准。根据工程特点确定外部风险的判别规则、对应的召测测点集合以及触发评判规则。

5.1.2.8 监控工作管理

提出分级预警发布机制和流程,提出问题管控流程,提出监控方案的调整条件和调整流程。

5.2 通用监控技术

通用监控技术研究包括适用于所有大坝的监控预警及综合评判体系、监控预警指标拟定及评判和大坝安全状况综合评判,重点大坝监控技术在通用监控技术研究的基础上进一步提高。

5.2.1 监控预警及综合评判体系

5.2.1.1 体系简述

体系中的分级预警和综合评判,两者既有区别,又相互联系。

分级预警对时效性、可靠性的要求高,故主要基于实时性较高的监测数据。按预警分级等级,通过对出现的不安全现象和潜在的不安全征兆,评判预警等级,并针对性地制定分级预警发布机制和流程。

综合评判除了需要运用到监测数据,还需要融合巡视检查、结构安全度及水情等各类信息进行辅助分析,因目前技术局限,其时效性相对较弱,但评判精准度更高。所以,综合评价在分级预警的评判基础上开展,即监测数据的评判部分两者是一致的,再通过相关综合评判方法,融合除监测数据外的其他相关信息,精准评判大坝安全状况。通过综合评价,对分级预警进行发布前的确认,确保发布的警情可靠。

5.2.1.2　**体系组成**

体系主要由监控内容、监控标准、监控预警和综合评价等方面组成。大坝运行安全监控预警及综合评价体系架构见图 5.2.1-1。

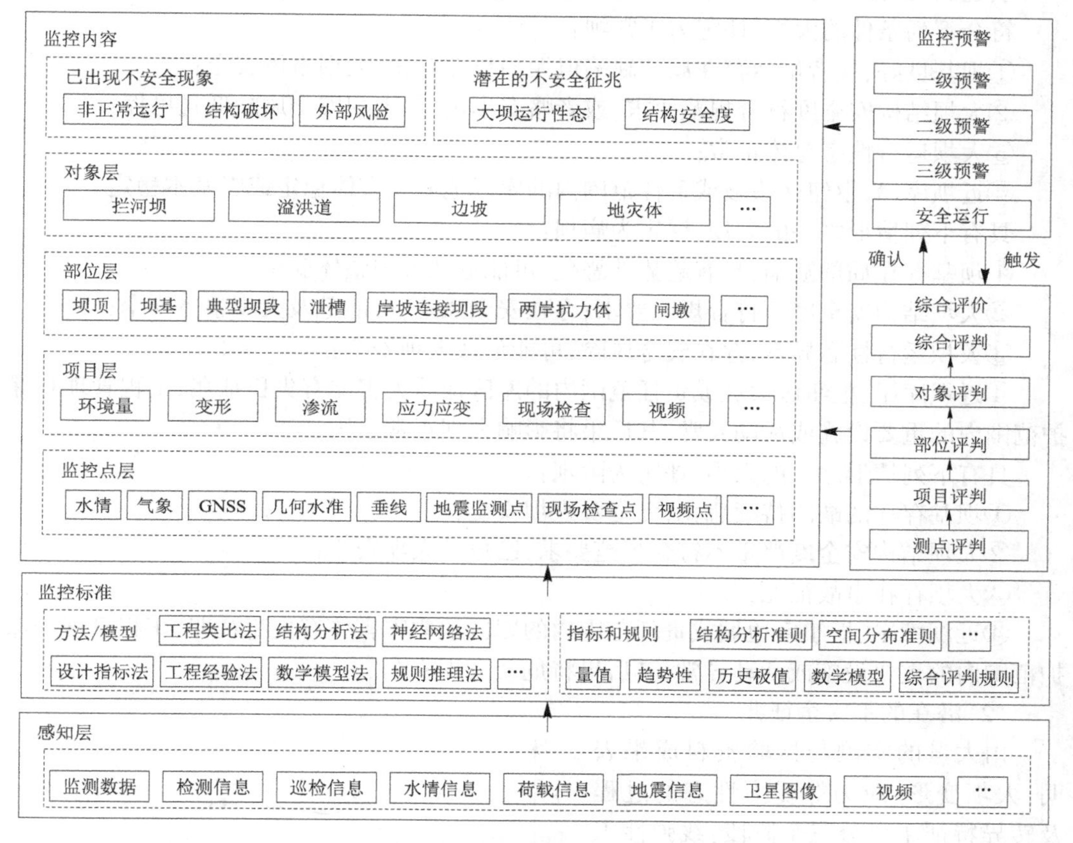

图 5.2.1-1　大坝运行安全监控预警及综合评价体系架构

监控内容由监控对象、监控部位、监控项目和监控点组成。其中监控点是监控的最小单元,可能包括以下几种类型:监测点、检查点、视频点,以及某个结构安全度计算值。

监控标准主要包括方法、指标和规则。方法包括监测数据异常识别方法、检查信息异常识别方法、快速结构复核方法以及大坝安全综合评判方法等。

监控预警主要基于监控标准,对监控内容中的监测点进行评判,并按不同的预警分级流程进行发布。

综合评价在分级预警的评判基础上,综合其他相关信息进行分析评判,辅助管理人员分析异常程度和原因,以确认警情。

5.2.1.3　**分级预警**

1.预警等级工程意义

(1)出现的不安全现象

对出现的不安全现象进行预警,其预警等级的工程意义可参考《水电站大坝运行安全监督管理办法》(发改委 23 号令)、《水电站大坝安全定期检查监督管理办法》(国能安全〔2015〕140号)及《水电站大坝运行安全评价导则》(DL/T 5313—2014)规定的大坝安全状况分级。

上述法规、标准将大坝安全状况分为正常坝、病坝和险坝三级,其评价标准如下所述。

符合下列条件的大坝,评定为正常坝:

①坝基良好,或者虽然存在局部缺陷但无趋势性恶化,大坝整体安全;

②大坝结构安全度符合规范要求,或者略有不足,但大坝安全风险低且可控;

③大坝运行性态总体正常;

④近坝库岸、枢纽区边坡或责任范围内的库区地质灾害体稳定或者基本稳定。

具有下列情形之一的大坝,评定为病坝:

①坝基存在局部缺陷,且有趋势性恶化,可能危及大坝整体安全;

②大坝结构安全度不符合规范要求,存在安全风险,可能危及大坝整体安全;

③大坝运行性态异常,存在安全风险,可能危及大坝安全;

④近坝库岸、枢纽区边坡或责任范围内的库区地质灾害体有失稳征兆,工程管理和保护范围内的重要设施或活动异常,其后果将影响大坝正常运用。

具有下列情形之一的大坝,评定为险坝:

①坝基存在的缺陷持续恶化,已危及大坝安全;

②大坝结构安全度严重不符合规范要求,已危及大坝安全;

③大坝存在事故征兆;

④近坝库岸、枢纽区边坡或责任范围内的库区地质灾害体有失稳征兆,工程管理和保护范围内的重要设施或活动异常,其后果将危及大坝安全。

(2)潜在的不安全征兆

由大量的实测与试验资料成果表明,大坝变形、应力等受力性态的过程及转异特征主要分三个阶段:线弹性工作阶段、屈服变形阶段和破坏阶段。以混凝土坝为例:在线弹性工作阶段(见图5.2.1-2的OA段)作用在坝上的荷载由零增至P_a,坝中任一部位的应力均未超过材料的比例极限强度,坝踵区处于受压状态,此时,大坝总体上处于弹性工作阶段,性态δ及荷载P基本上呈线性;在屈服变形阶段(见图5.2.1-2的AB段),随着荷载P的增加,下游区压应力增加,坝体部分区域出现压剪屈服、压碎破坏等,结构的变形显著增加,荷载与位移呈非线性;在BC段时大坝变形急剧增加,出现开裂,屈服区、压碎区也急剧扩展,发生大变形,当处于C点时,大坝丧失继续承载的能力。拱坝等结构的性态发展过程及转异特征比重力坝要复杂,线弹性工作阶段与屈服变形阶段之间有准线弹性工作阶段,该阶段荷载与性态的关系基本维持在线弹性范围。

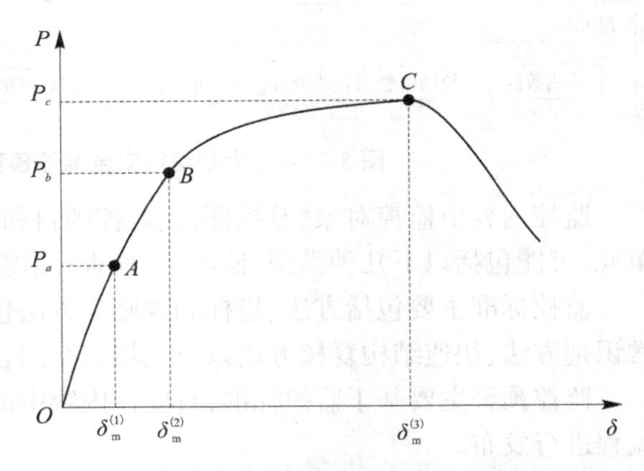

图5.2.1-2 混凝土坝受力性态发展过程与转异特征

上述三个阶段的转异点，代表了不同程度的大坝异常，可作为预警等级的分级依据。

此外，很多时候大坝三个阶段的性态转异很难准确获得。在实际大坝安全评价中，专家往往会根据异常的范围来评判大坝的安全程度。如《水电站大坝运行安全评价导则》（DL/T 5313—2014）表 13.0.2-2“混凝土拱坝安全等级综合评价分级表”中，对于坝体渗流状态的评价等，“a-”级为“坝体防渗结构局部失效……”，“b”级为“坝体防渗结构大面积失效……”，“局部”和“大面积”对应的是异常范围不同导致评价结论不同。

异常范围即通过有空间关系的多个监控点进行组合，并通过异常的监控点个数来表征异常程度，如少量测点代表个别异常，一定数量测点代表局部异常，大部分测点代表整体异常。异常监控点的具体数量，应根据工程实际情况、监控项目特点和监控目的确定。通过异常范围来判断异常的程度，可作为预警等级的分级依据。

2.预警等级

预警等级分为安全运行、三级预警、二级预警、一级预警四级。

（1）安全运行

大坝未出现非正常运行、结构破坏及大坝风险事件时，且所有监测点均未超过监控指标；或单个监控项目存在少量非重要测点超过监控指标。大坝运行性态属于正常。

（2）三级预警

大坝出现了非正常运行、结构破坏及大坝风险事件时，经综合论证，大坝安全状态介于正常坝和病坝之间；或单个监控项目中有重要测点超过三级监控指标。大坝运行性态属于轻微异常。

（3）二级预警

大坝出现了非正常运行、结构破坏及大坝风险事件时，经综合论证，大坝安全状态属于病坝标准；或单个监控项目中有一定数量的相关测点同时超过监控指标，或重要测点超过二级监控指标。大坝运行性态属于异常。

（4）一级预警

大坝出现了非正常运行、结构破坏及大坝风险事件时，经综合论证，大坝安全状态属于险坝标准；或单个监控项目中有大多数相关测点同时超过监控指标，或重要测点超过一级监控指标。大坝运行性态属于严重异常。

重要测点、相关测点的集合、超监控指标测点的数量及指标准则组合，应根据工程实际情况制定。

3.预警发布

一级预警、二级预警、三级预警分别用红色、橙色、黄色标示，一级为最高级别。预警发布的具体要求如下：

（1）三级预警由电厂发布，二级预警由公司大坝中心发布，一级预警由公司发布，并执行“谁发布、谁调整、谁解除”的原则。警情由发现、确认至发布的总时限不超过 48 h。

（2）发布预警信息后，发布单位应根据预警条件的变化，及时调整预警级别并重新发布，直至预警状态结束。

（3）当事实证明触发预警的条件已经不存在时，发布预警的单位应当结束预警状态，并向有关部门和单位通报。

(4)当发布一级预警时,发布单位还应同时向上级主管单位、所在地政府应急管理部门、有关国家能源局派出机构和国家能源局大坝安全监察中心报告。

4.预警发布机制

(1)出现的不安全现象

当监控发现大坝出现非正常运行、结构破坏及大坝风险事件等不安全现象时,公司大坝中心应视情况启动专家会商制度,组织评估安全现状和发展态势,确认警情后发布:

①三级警情,由电厂商公司大坝中心发布警情;

②二级警情,由公司大坝中心发布警情;

③一级警情,由公司发布警情,并向上级主管单位、所在地政府应急管理部门、有关国家能源局派出机构和国家能源局大坝安全监察中心报告。

(2)潜在的不安全征兆

发生三级警情时:

①当系统初判满足三级预警条件时,电厂应对导致警情的监测点进行复测,评判监测数据的有效性,确认警情后发布;

②电厂同步对相关测点进行加密观测,针对相关部位开展巡视检查工作,关注是否出现异常迹象;

③系统触发综合评判,辅助管理人员分析异常程度和原因;

④电厂对相关情况进行确认后,电厂商公司大坝中心发布警情。

发生二级警情时:

①当系统初判满足二级预警条件时,电厂应对导致警情的监测点进行复测,评判监测数据的有效性;

②电厂同步对相关测点进行加密观测,针对相关部位开展巡视检查工作,关注是否出现异常迹象;

③系统触发综合评判,辅助管理人员分析异常程度和原因;

④公司大坝中心应启动专家会商制度,组织评估安全现状和发展态势,确认警情后发布;

⑤视需要按相应的程序启动应急预案和现场处置方案,开展前期处置工作。

发生一级警情时:

①当系统初判满足一级预警条件时,电厂应对导致警情的监测点进行复测,评判监测数据的有效性;

②电厂同步对相关测点进行加密观测,针对相关部位开展巡视检查工作,关注是否出现异常迹象;

③系统触发综合评判,辅助管理人员分析异常程度和原因;

④公司应启动专家会商制度,组织评估安全现状和发展态势,确认警情后发布;

⑤视需要按相应的程序启动应急预案和现场处置方案,开展前期处置工作;

⑥公司向上级主管单位、所在地政府应急管理部门、有关国家能源局派出机构和国家能源局大坝安全监察中心报告。

分级预警发布工作流程见图 5.2.1-3。

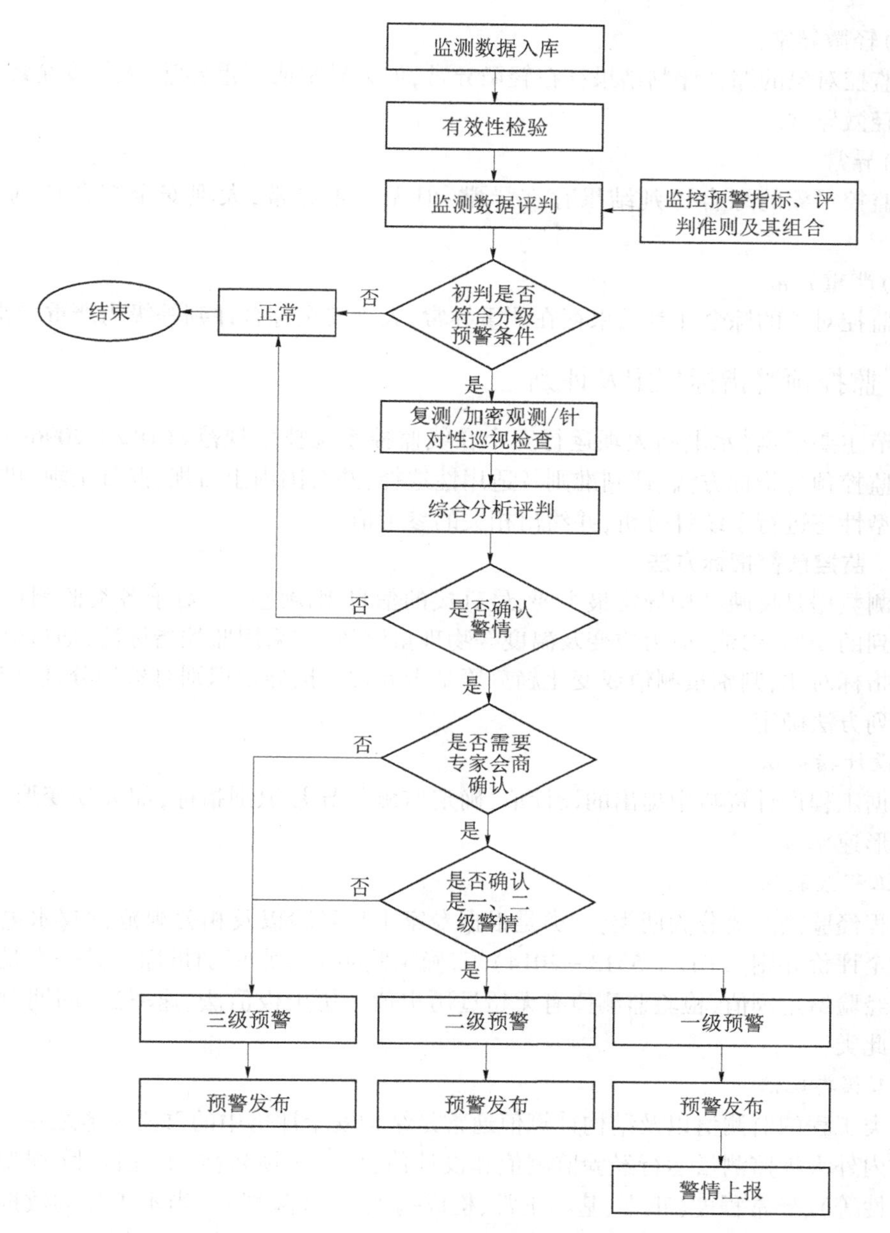

图5.2.1-3　分级预警发布工作流程

5.综合评判

综合评判在分析性态安全分级预警评判的基础上，综合巡视检查信息及结构安全度信息等其他相关信息，进行分析评判，以辅助管理人员分析异常程度和原因。综合评判方法和评判规则见5.2.3节。综合评判等级分为正常、轻微异常、异常、严重异常四级。

(1)正常

各监控对象的综合评判结果全部为正常，大坝安全综合评判等级为正常。

(2)轻微异常

各监控对象的综合评判结果存在轻微异常,但无异常或严重异常,大坝安全综合评判等级为轻微异常。

(3)异常

各监控对象的综合评判结果存在异常,但无严重异常,大坝安全综合评判等级为异常。

(4)严重异常

各监控对象的综合评判结果存在严重异常,大坝安全综合评判等级为严重异常。

5.2.2 监控预警指标拟定及评判

本节主要根据《水电站大坝运行安全在线监控系统技术规范》(DL/T 2096—2020),提出了监控预警指标方法、评判准则及适用性选择,并对国内土石坝、混凝土坝、拱坝等主要的典型性态进行了统计分析,并给出相关的参考值。

5.2.2.1 监控预警指标方法

监测数据是反映结构异常最主要、最直接的信息来源之一。对于各类监测仪器设备所采集到的变形、渗流、应力应变及温度等物理量测值,应采用监控指标法,通过监测数据与监控指标对比,判别量测值或变化趋势等是否异常。按异常识别对象划分,监控指标宜采用下列方法确定。

1.设计指标法

根据工程设计资料中提出的设计值,确定监测量异常识别指标,如大坝变形设计值、边坡变形速率等。

2.工程经验法

工程经验法主要分为两类:一类是根据专家工程经验以及相关规范,如《水电站大坝运行安全评价导则》(DL/T 5313—2014)等,确定监测量异常识别指标。另一类是根据工程历史经验给定阈值,检验监测值有无超过历史值。历史极值法、速率法、同期对比法等均属于此类。

3.工程类比法

同类工程的监测值以及结构计算值通常是结构安全评价中的重要参考之一。梳理和统计国内外大坝监测量运行经验监测值和设计值,包括大坝名称、工程特性(坝型、坝高、地质特性等)、异常程度(正常、基本正常、构成病坝、构成险坝)。当本工程的数据序列存在规律不显著等问题导致难以设定指标时,往往可以采取工程类比法进行确定。

值得注意的是,在实际操作中,有时会出现一些测点的测值已超越相似工程的经验值,而工程仍在保持正常运行。这主要与经验的局限性有关,也由多方面的复杂因素共同导致。此时,可视具体情况更新监控指标。

4.数学模型法

数学模型法主要是通过相关数理统计模型(方法),计算分析离群信息的偏离程度来确定异常程度的方法。比较常用的方法包括置信区间估计法、小概率法、BP 神经网络等。

（1）置信区间估计法

其基本原理是统计理论的小概率事件。指根据以往的观测资料，建立监测效应量与荷载之间的数学模型（如统计模型、确定性模型或混合模型等），并用这些模型计算在各种荷载作用范围内的计算值与实测值 E 的差值，若该差值有 $1-a$ 的概率落到置信带范围内，则认为大坝运行正常；反之则认为是异常的。

置信区间法简单、易于掌握，但存在着以下不足：

①如果大坝没有遭遇过最不利荷载组合或资料系列较短，则利用以往监测效应量的资料系列建立的数学模型只能用来预测大坝遭遇荷载范围内的效应量。

②对实测资料分析时所建立的数学模型不同，对监控指标的影响较大。

③置信区间估计法没有联系大坝失事的原因和机制，物理概念不明确，也没有联系大坝的重要性（等级和级别）。在使用置信区间估计法时，还需要重视的问题是残差序列有无趋势性变化。当趋势性变化较大且尚未稳定时，不宜采用数学模型建立监控模型。

（2）小概率法

在实测资料中，根据不同坝型和大坝的具体情况，选择不利荷载组合时的监测效应量或它们的数学模型中的各个荷载分量（典型监测效应量），同时认为监测效应量为随机变量，每年有一个子样，因此可对其样本空间用统计检验法（如 A-D 法、K-S 法）进行分布检验，得到其概率密度函数的分布函数。确定失事概率后，即可求得相应水平的监控指标。

在使用小概率法建立安全监控指标时，典型监测效应量的选取是关键，应根据各座大坝的具体情况，选择不利于强度和稳定的荷载组合所对应的监测效应量或者它们的各个分量来构成样本。例如，对于拱坝和连拱坝，一般是在高水位和低温荷载组合下产生的应力最大，对强度不利；而在高水位和高温组合下，拱圈轴力最大，对稳定不利。

小概率法的不足之处是：

①只有当观测资料系列较长，且真正遭遇较不利荷载组合时，该方法估计的监控指标才接近极值，否则只能是现行荷载条件下的极值；

②失事概率 a 的确定还没有规范可循，具有一定的经验性，并且对于样本 E 的选择也带有很大的经验性；

③没有定量地联系大坝本身强度和稳定控制条件。

（3）BP 神经网络

BP 神经网络模型是采用误差逆向传播进行训练的多层前馈神经网络。将 BP 神经网络用于实现大坝安全监控的模型建立和预测预报功能的显著优势是避免了知识表示的具体形式，克服了常规数学模型需要一定的前提假设和事先确定因子的缺点，理论上可实现任意函数的逼近。根据系统工程理论，可以把大坝安全运行看成一个系统，而各类监测项目，如水平位移、垂直位移、接缝开合度、坝基扬压力、渗流量等则可看作其不同的黑箱实体子系统，分别建立 BP 神经网络模型。

由于 BP 神经网络模型的预报仅依赖于历史数据，与统计模型的局限性一样，当历史数据对应时段没有发生荷载极端工况时，根据此历史数据进行训练继而得到的预报结果也就无法对将来可能发生的极端工况下大坝的运行性态进行可靠预报。

5.结构分析法

结构分析法包括极限状态法、失效模式法和极端工况法，采用以上方法建立大坝安全监控指标，联系了大坝失事的原因和机制，物理概念明确，力学定义清楚，并可以模拟从未遭遇过的荷载工况，解决了大坝观测值序列较短、资料不全的问题。具体如下：

(1)极限状态法

极限状态法认为，大坝每一种失事模式对应于相应的荷载组合。失事主要归结为强度、稳定和裂缝等形式的破坏，其极限方程为 $R-S\geqslant0$，其中 R 为不同工作阶段的抗力；S 为不同荷载组合下的效应量。根据计算 S 和 R 方法的不同，用极限平衡条件估计监控指标的方法可归纳为安全系数法、一阶矩极限状态法、二阶矩极限状态法。

利用极限状态法建立大坝安全监控指标时，定量地联系了大坝强度和稳定约束条件，在物理概念上合理。通常安全系数法确定的监控指标具有一定的安全余度，在大坝遭遇不利荷载组合时，该方法估计的监控指标是警戒值，而一阶矩极限状态法和二阶矩极限状态法所得到的监控指标为效应量的极值，并且二阶矩极限状态法还考虑了 S 和 R 的随机性。

(2)失效模式法

建立大坝安全监控指标时，均与大坝的结构形态联系密切，无论大坝是简单结构还是复杂结构，其破坏的过程以及监控指标均与大坝的失效破坏模式有关，不同失效模式下的破坏机制及破坏过程均不相同。因此，在研究大坝的安全监控指标时，首先应确定大坝最可能的失效模式，然后选择等效的模拟方式模拟大坝失效过程，并根据相应的安全监控指标的力学定义，推求坝体结构的极限状态，从而建立科学合理的监控指标。在确定大坝的失效模式方面，现今已有许多理论和方法，例如可靠度理论、风险分析理论等。

(3)极端工况法

即模拟大坝经历可能发生的极端工况条件下，坝体及坝基仍处于正常运行性态时的应力、位移等效应量的极值水平。极端工况主要指洪水与高温/寒潮等环境因素的最不利组合。例如：对于拱坝而言，上游校核洪水位+历史极端低温是坝体向下游径向位移的阈值工况，上游死水位+历史极端高温则是坝体向上游径向位移的阈值工况。而对于绝大部分大坝而言，一般不会经历这种极端工况，因此在历史数据中寻求监测效应量的判定阈值是不可行的。需要重新构建这一最不利的工况组合，利用相关结构计算方法（如有限元等），计算在各单项极端环境条件下的效应分量值后再进行叠加，从而得到组合工况下大坝效应量的阈值，以此作为各效应量的监控指标。

6.方法适用性分析

如何选择合适的方法制定监控预警指标，主要与监控项目特征和监测数据系列特征有关。监控项目按照其项目属性，可分为以下三类：

(1)典型性态：变形、渗流及应力应变等典型性态；

(2)重点项目：结构相对薄弱部位或关键部位；

(3)问题项目：运行异常或存在问题的项目。

大坝的典型性态一般具有一定的规律性，主要随荷载变化而变化，可以采用相关的统计经验确定监控指标。部分典型性态，设计单位还会提供相关的指标供运行期监控用。

重点项目一般在设计阶段均开展过大量的结构计算和复核，可采用结构分析法、设计指标法等确定监控指标。

问题项目具有较强的个性化和随机性，应针对具体工程问题开展针对性的结构分析，还可以参考同类工程来确定具体的监控指标。

根据上述分析，提出基于监控项目属性的监控指标方法适用性一览表，见表 5.2.2-1。

表 5.2.2-1　基于监控项目属性的监控指标方法适用性一览表

序号	监控项目	拟采取方法
1	典型性态	设计指标法、工程经验法、数学模型法
2	重点项目	结构分析法、设计指标法
3	问题项目	设计指标法、结构分析法、工程类比法

监测数据系列特征主要包括系列长度、系列精度、是否有趋势性、是否涵盖主要工况。对于系列长度较短或系列精度较差的，一般多采用设计指标法、工程经验法；对于系列长度长且系列精度高的，可采用数学模型法。对于有趋势性的系列，可采用上述方法确定的速率量值监控指标或根据数学模型法确定的趋势性发展模型。如果系列长度未涵盖工程主要工况，数学模型适用性不强，可采用设计指标法、工程经验法等。

根据上述分析，提出基于监测数据系列特征的监控指标方法适用性一览表，见表5.2.2-2。

表 5.2.2-2　基于监测数据系列特征的监控指标方法适用性一览表

序号	分类	监测数据系列	拟采取方法
1	系列长度	短或精度差	设计指标法、工程经验法
2		长且精度高	数学模型法
3	有趋势性	有趋势性且精度差	设计指标法、工程经验法
4		有趋势性且精度高	数学模型法、设计指标法、工程经验法
5	涵盖主要工况	长度未涵盖主要工况	设计指标法、工程经验法
6		长度已涵盖主要工况	数学模型法、设计指标法、工程经验法

5.2.2.2　监控预警评判准则

评判准则是指采用一定的监控指标方法确定评判标准。具体对监测值进行评判时可采用一种或几种评判准则的组合。

对于重要测点应制定分级监控指标，分级监控指标应与预警等级对应，通过偏离正常值的程度来确定。

1.量值评判准则

量值评判准则是指通过设计指标法、工程经验法、工程类比法或结构分析法等制定的数值型监控指标。如当前测值 y_i 大于或小于监控指标 δ_m 时，则该测值评判为异常。实际运用时还应考虑监测误差 Δ。具体如下：

当 $y_i+\Delta>\delta_m$ 或 $y_i-\Delta<\delta_m$ 时，测值异常。

$$\Delta=\sqrt{2}\varepsilon \text{ 或}(5\%\sim10\%)s$$

式中 y_i——监测值；

δ_m——监控指标；

ε——观测精度；

s——平均年变幅。

2.历史极值评判准则

历史极值评判准则是利用某个历史时段的最大值和最小值，如当前测值大于某个历史时段内的最大值或小于最小值时，测值为异常。其本质上属于工程经验法。历史时段可以固定时段或推移时段（如最近5年）。具体如下：

当 $y_i+\Delta>\delta_{mmax}$ 或 $y_i-\Delta<\delta_{mmin}$ 时，测值异常。

式中 δ_{mmax}——某个历史时段的最大值；

δ_{mmin}——某个历史时段的最小值。

3.趋势性分级评判准则

趋势性分级评判准则是对监测值发展的趋势进行评判，判断速率减小、速率不变和速率增大三种状态（见图5.2.2-1）。具体指标设计可根据工程实际情况，按预警等级确定偏离评判标准的程度，从而拟定分级监控指标。具体如下：

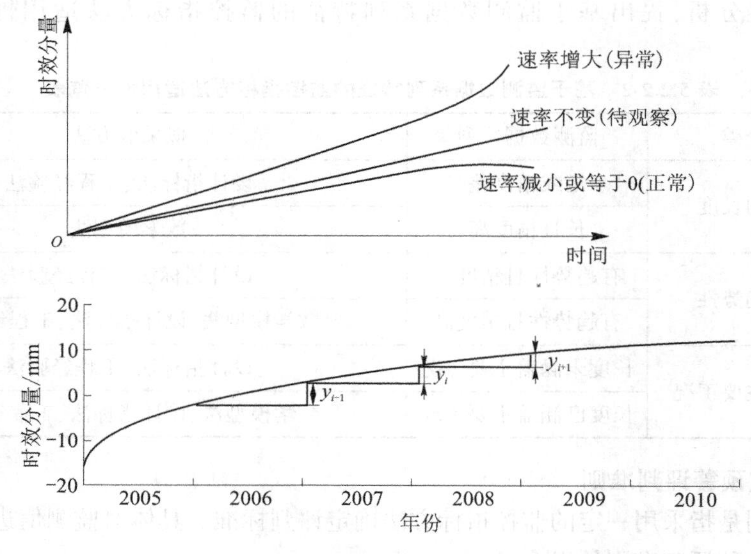

图5.2.2-1 趋势性分级评判准则示意图

三级评判准则：$|y_i|>0$；$|y_i|<|y_{i-1}|+\Delta$

二级评判准则：$|y_i|>0$；$|y_{i-1}|+\Delta\leqslant|y_i|<n\times|y_{i-1}|+\Delta$

一级评判准则：$|y_i|>0$；$|y_i|>n\times|y_{i-1}|+\Delta$

式中 y_i——当前时段内的变化值；

y_{i-1}——前一个时段内的变化值；

n——大于1的调整系数，根据工程实际情况确定。

如通过速率指标来评判趋势性，当监控指标为设计提出或结构计算得到的速率值，则参见量值评判准则；如监控指标为根据历史值计算的速率最大值或最小值，则参见历史极值评判准则。

4.模型分级评判准则

应用统计模型、混合模型等，评判测值 y_i 是否在模型的允许范围，以识别测值是否正常、异常。可根据工程实际情况，按预警等级确定偏离允许范围的程度，从而拟定分级评判准则。

三级评判准则：　　$|\hat{y}-y_i| \leqslant n_1 S$

二级评判准则：　　$n_1 S < |\hat{y}-y_i| \leqslant n_2 S$

一级评判准则：　　$|\hat{y}-y_i| > n_2 S$

式中　$\hat{y}$——模型计算值；

y_i——当前测值；

S——模型标准差；

n_1、n_2——与正态分布概率有关的值，当概率为1%时，n 取2.33，当概率为0.1%时，n 取3.1，当概率为0.01%时，n 取3.7，根据工程情况确定。

5.结构分析评判准则

大坝变形等性态一般存在三个阶段：准线弹性工作阶段、屈服阶段及破坏阶段。如图 5.2.2-2所示，在 OB 段时，处于准线弹性工作阶段；当超过 C 点时，处于屈服阶段；当超过 D 点时，处于破坏阶段。B 点、C 点和 D 点分别对应三级、二级和一级监控指标。

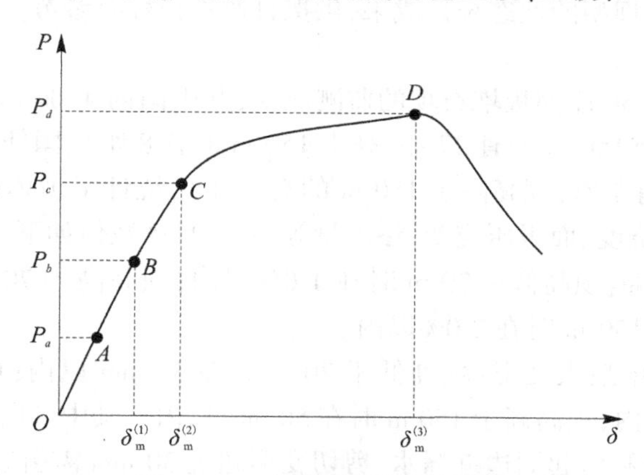

图 5.2.2-2　拱坝变形与转异特征

6.空间分布评判准则

空间分布评判准则的基本思想是根据各相关测点不同测次分布规律的相似或相异程度进行衡量。如拱坝或混凝土坝的变形等具有较为明显的分布规律；当某一测次的分布规律有异于正常测次时，可以评判为空间分布异常。具体可采用计算相关系数表征相似度或采用灰色关联度原理计算关联度，评判准则示例如下：

选定某一测次的相关测点测值或模型计算值 x_i 作为标准测次测值，当前测次的测值 y_i 与标准测次相似度低于阈值，可认为分布异常。

当$\frac{\sum(x_i-\bar{x})(y_i-\bar{y})}{\sqrt{\sum(x_i-\bar{x})^2\sum(y_i-\bar{y})^2}}<r_m$时,分布异常测值异常。

式中 x_i、$\bar{x}$——标准测次测值、标准测次测值平均值;

y_i、$\bar{y}$——当前测次测值、当前测次测值平均值;

r_m——监控指标,一般可取 0.9 以下,根据实际情况具体确定。

7.语义型评判准则

语义型评判准则主要通过对异常程度的语义型描述得到,也可与数值型评判准则组合使用,属于工程经验法的一种。

如《水电站大坝运行安全评价导则》(DL/T 5313—2014)中规定:抗滑稳定安全度略低于规范要求(差值≤10%),经综合论证,坝体、坝基是稳定的,评为 a-级。抗滑稳定安全度严重低于规范要求(差值>10%),尚无失稳迹象;或差值虽<10%,经综合论证,坝体、坝基存在失稳的可能,评为 b 级。抗滑稳定安全度严重低于规范要求(差值>10%),且坝体、坝基已有失稳迹象,评为 c 级。其转化为语义型评判准则如下:

三级评判准则:$K_{规范}<K_{复核}\leqslant 1.1K_{规范}$,且经综合论证,坝体、坝基是稳定的;

二级评判准则:$K_{规范}<K_{复核}\leqslant 1.1K_{规范}$,且经综合论证,坝体、坝基存在失稳的可能性;或 $K_{复核}>1.1K_{规范}$,且无失稳迹象;

一级评判准则:$K_{复核}>1.1K_{规范}$,且有失稳迹象。

5.2.2.3 大坝典型性态统计

本节列出了典型坝型的性态统计成果,供拟订监控指标时参考。

1.面板堆石坝

收集了国内外共 56 座面板堆石坝的监测成果,其中国内 47 座(坝高低于 70 m 的有 12 座,高于 70 m 低于 150 m 的有 27 座,高于 150 m 的有 8 座)、国外 9 座(其中坝高高于 70 m 低于 150 m 的有 7 座,坝高高于 150 m 的有 2 座),统计了坝体内部沉降、周边缝三向中最大变形、面板挠度、面板压应变、渗流量等参数,具体数值如下。

(1)坝体内部沉降:坝高低于 70 m 时在 1.0%以内;坝高高于 70 m 低于 150 m 时在 1.5%以内;坝高高于 150 m 时在 2.0%以内。

(2)周边缝三向中最大变形:坝高低于 70 m 时在 30 mm 以内;坝高高于 70 m 低于 150 m 时在 40 mm 以内;坝高高于 150 m 时在 50 mm 以内。其中三向变形中,剪切变形过大容易剪断止水铜片和引起周边缝漏水,剪切变形超过 30 mm 需引起关注。

(3)面板挠度:以最大挠曲度与坝高之比表示,国内外绝大多数工程的比值接近和小于 0.1%。

(4)面板压应变:坝高低于 70 m 时在 400 με 以内;坝高高于 70 m 低于 150 m 时在 800 με 以内;坝高高于 150 m 时在 1 000 με 以内。面板压应变超过 1 000 με 会引起面板垂直缝部位混凝土崩裂。

(5)渗流量:坝高低于 70 m 时在 40 L/s 以内;坝高高于 70 m 低于 150 m 时在150 L/s 以内;坝高高于 150 m 时在 240 L/s 以内。

各工程监测统计值存在一定的差异性。例如:对于坝体内部沉降,监测仪器埋设后的初始监测时间及是否计入坝后坡观测房的沉降,沉降量差距很大;此外,同样的坝高但面板的面积不同,其渗流量也没有可比性。

因此,在评价大坝结构安全性时,要根据工程的实际情况进行具体分析,上述工程经验值仅供参考。

2.混凝土重力坝

收集了在国家能源局大坝中心注册或备案、完成蓄水(竣工)安全鉴定或完成至少一轮大坝安全定期检查的共72座混凝土重力坝(坝高大于100 m的高坝19座,坝高在50~100 m的中坝35座,坝高小于50 m的低坝18座)的监测成果;统计了上下游向水平位移、垂直位移、坝基扬压力、渗流量、坝体温度、应力应变等参数,具体数值如下:

(1)上下游向水平位移

①坝高100 m以上的混凝土重力坝(高坝)坝顶水平位移最大年变幅在7.6~30.22 mm(三峡大坝),平均值为15.0 mm;坝高50~100 m的混凝土重力坝(中坝)坝顶水平位移最大年变幅在6.0~16.7 mm,平均值为9.9 mm;坝高50 m以下的混凝土重力坝(低坝)坝顶水平位移最大年变幅在2.5(锦屏二级大坝)~13.9 mm,平均值为7.9 mm。

②蓄水期及运行初期,受混凝土徐变、坝体接缝及裂缝的变化,基础中的节理裂隙及软弱岩带等在加载过程中受压闭合以及坝体温度逐渐降低等因素的影响,坝体上下游向水平位移存在一定的时效位移。时效位移为不可逆变形,运行性态正常的大坝,时效位移在初期变化较快,后期变化较慢,最终趋向稳定。从国内7座混凝土重力坝坝顶上下游向水平位移的统计情况来看,从蓄水至水平位移达到稳定的时间在4~10年,时效位移的量值在1.4~4.5 mm。

(2)垂直位移

①高坝(100 m以上)的坝顶垂直位移最大年变幅在2.0(戈兰滩大坝)~12.5 mm,平均值为7.1 mm;中坝(50~100 m)的坝顶垂直位移最大年变幅在2.8~20.5 mm(五强溪大坝),平均值为7.4 mm;低坝(50 m以下)的坝顶垂直位移最大年变幅在2.5~13.3 mm,平均值为7.2 mm。不同工程之间,坝顶垂直位移与坝高、上游水位变幅的关系无明显可比性。

②当坝体内部温度已达到准稳定,坝高越高、气温年变幅越大、气温多年平均值越低时,坝顶垂直位移年变幅越大;当坝体内部温度较高,尚未达到准稳定,且高于气温多年平均值较多、气温年变幅较小时,坝顶垂直位移年变幅较小。

③混凝土重力坝坝体及坝基垂直位移存在时效,主要表现为随着上游水位逐渐升高以及时间的推移,坝体和坝基沉降量不断增大,随后逐渐趋于稳定。从国内5座混凝土重力坝的最高坝段垂直向时效位移统计情况来看,垂直向时效位移的发展基本都在蓄水期内完成,运行期未见明显变化,坝基垂直向时效位移在0~1.5 mm,坝顶垂直向时效位移在1.5~4.2 mm。需要注意的是,蓄水期坝体温度降低过程使坝体具有沉降“时效”变形,这部分变形并非是结构在荷载作用下的真实时效变形。

(3)坝基扬压力

统计了国内20座混凝土重力坝坝基渗压系数,仅两座大坝未发生渗压系数超限的现象。各工程部分渗压系数超限的原因不尽相同,主要有:防渗帷幕局部相对薄弱;坝基存在断层或构造裂隙、原生裂隙,从而导致基础存在渗漏通道;扬压力测孔距离帷幕太近,扬压水位仅受帷幕折减影响;帷幕后排水孔与测孔之间联系偏弱,未能达到降压的效果;个别测压管受地下承压水影响等。

在统计的6座混凝土重力坝中,坝基渗压系数超限均引起了大坝抗滑稳定安全系数的降低。对部分抗滑稳定安全系数富余度不大、渗压系数超限较多的坝段采用实测扬压力复核,均未引起大坝抗滑稳定安全系数的显著降低,这与坝体的体型、坝高、计算参数及工况等因素有关。

(4)渗流量

①各混凝土重力坝坝基渗流量最大值在0.04~21.5 L/s,多年平均值在0.02~6.53 L/s。

②各混凝土重力坝坝体渗流量最大值在0.13~8.14 L/s,多年平均值在0.05~2.84 L/s。

(5)坝体温度实测性态

①在统计的19座混凝土重力坝中,坝体内部中间部位近期温度平均值在14.9~34.9 ℃,总体来看,坝高较低的大坝的坝体内部温度年变幅相对较大,易受外界环境温度影响,气温年变幅对坝体内部温度最大年变幅的影响不大,但对浅表温度的变化影响较大。

②在统计的19座混凝土重力坝中,有14座大坝坝体内部温度达到准稳定状态,主要为坝高较低的大坝或坝高较高的常态混凝土重力坝,这些工程坝体内部温度已基本接近所在地区多年年平均气温,两者之间差值在0.1~2.9 ℃。

③坝体内部温度已达到准稳定状态的碾压混凝土重力坝有9座,达到准稳定状态的时间在4~19年,平均时间约为8.8年;坝体内部温度已达到准稳定状态的常态混凝土重力坝有5座,达到准稳定状态的时间在8~13年,平均时间约为9.4年。总体来看,碾压混凝土重力坝、常态混凝土重力坝内部温度达到稳定的时间差别不大,平均约为9年。

④坝高100 m以上的混凝土重力坝坝体内部达到准稳定状态所需时间在6~19年,平均为10.7年;坝高100 m以下的在4~13年,平均为7.3年。坝高越高,坝体断面越大,达到准稳定状态所需时间越长。光照、龙滩两座200 m级的重力坝,蓄水运行至今已十余年,坝体内部平均温度仍有34.9 ℃、26 ℃,远高于其当地气温多年平均值(21.6 ℃、18.0 ℃)。

(6)应力应变实测运行性态

在混凝土浇筑初期,大坝坝踵垂直向一般会出现一定的拉应变或拉应力,但测值较小,持续时间较短,对坝体的安全状况几乎不产生不利影响。在统计的9座典型混凝土重力坝中,蓄水后坝踵垂直向实测最大总压应变在-70.0~-291.3 με,最大年变幅在122.3~180.0 με,实测最大应力应变(压向)在-53.2~-275.5 με;坝趾实测最大总压应变在-60.4~-202.0 με,最大年变幅在43.0~135.5 με,实测最大应力应变(压向)在-18.0~-65.6 με。

3.拱坝

收集了国家能源局大坝中心注册且至少完成一轮大坝定期检查的拱坝工程(锦屏一级、小湾、溪洛渡、拉西瓦、构皮滩等5座高拱坝已注册但尚未进行定检,也纳入统计范围)共35座拱坝(坝高大于200 m的6座,坝高在100~200 m的13座,坝高小于100 m的16座)的监测成果,统计了坝体径向水平位移、垂直位移、横缝变形、渗流量、应力应变等参数,具体数值如下:

(1)径向水平位移

拱坝径向水平位移最大年变幅与坝高和坝顶弧长呈正相关,表现为坝高越高,坝顶弧长越长,坝体径向水平位移最大年变幅越大,但影响因素较多,并非完全线性相关,外荷载(如库水位、气温)的年变幅对径向水平位移年变幅有较大影响;从统计规律来看,径向水平位移最大年变幅与坝高的比值一般在 $1.0\times10^{-4}\sim4.0\times10^{-4}$,超过 4.0×10^{-4} 则需要进一步分析其合理性。

(2)垂直位移

①拱坝垂直位移最大年变幅与坝高呈正相关,但并非完全线性相关。从统计规律来看,垂直位移最大年变幅与坝高的比值一般在 1.0×10^{-4} 以内,超过 1.0×10^{-4} 则需要进一步分析其合理性。

②同高程,河床坝段垂直位移量值及变幅较大,两岸坝段由于高度较小,量值及变幅较小;同坝段,坝体下部的垂直位移相对较小,垂直位移的最大值一般出现在坝顶,但对于坝高超过 200 m 的特高拱坝,由于水压力影响因素凸显,且与温度影响不同步,垂直位移的最大值则可能低于坝顶。

(3)横缝变形

①横缝灌浆前,一般经历先闭合(混凝土升温膨胀)后张开(混凝土冷却收缩)的变化过程。

②横缝灌浆后,由埋入式测缝计测得的“开合度”的变幅在 0.3~0.5 mm 是合适的,对于较大范围“开合度”大于 0.5 mm 的部位,则可能存在灌浆不密实或者拉裂的现象。

(4)渗流量

①拱坝渗流量整体较小,总渗流量最大值基本在 5 L/s 以内,多年平均总渗流量基本在 2.5 L/s 以内。这与拱坝建基条件、防渗设计要求高有关。

②坝基渗流量受库水位变化的影响较大,两者呈正相关,表现为库水位上升,坝基渗流量增大;库水位下降,坝基渗流量减小。

③当坝体渗流量过程线出现周期性的“孤峰”现象时,常常意味着坝体存在渗漏裂隙。该裂隙可能位于上游坝面的库水位变动区,也可能是开度与温度相关的隐性裂隙,总之需引起重视。

(5)应力应变

从 12 座典型拱坝坝体应力实测数据的统计结果来看,拱向拉应力在 3.02 MPa 以内,拱向压应力在-3.07~-10.01 MPa;梁向拉应力在 3.55 MPa 以内,梁向压应力在-3.63~-12.71 MPa;上游面拉应力在 3.00 MPa 以内,上游面压应力在-3.30~-9.04 MPa;下游面拉应力在 3.27 MPa 以内,下游面压应力在-3.35~-9.89 MPa。

5.2.3　大坝安全状况综合评判

大坝安全评判主要依据的信息包括监测数据、检查信息和结构安全度信息,在对上述信息异常识别的基础上再开展综合评判。

5.2.3.1 异常识别方法

1.监测数据异常

监测数据异常识别主要通过监控预警指标,具体监控预警指标拟定方法见 5.2.2 节。

2.现场检查信息异常

建立大坝典型缺陷隐患库。梳理和统计国内大坝相关缺陷隐患,包括大坝名称、工程特性(坝型、坝高、地质特性等)、缺陷类型(裂缝、渗水)、缺陷性态(如裂缝长度、宽度、深度及走向)、位置、异常程度(正常、基本正常、构成病坝、构成险坝)。纳入相关规范对缺陷隐患的定性或定量标准。

对发现的缺陷,应与大坝典型缺陷隐患库进行对比分析,判断其异常程度。例如:当混凝土坝出现裂缝后,应根据其位置、性态(裂缝长度、宽度、深度及走向)等与工程经验或规范标准进行对比,判断异常程度。也可由有经验的水工人员进行人工评判。

3.结构异常

采用快速结构复核的方法对具体监控对象的结构安全度进行计算,再依据相关评判准则,判断其异常程度。

5.2.3.2 综合评判方法

1.概述

大坝安全状况综合评判本质上是一个充满不确定性、多层次、多指标的复杂非线性问题。安全评判需要的信息包括监测数据、巡查信息、水情信息、荷载信息、结构安全度信息及其他工程信息。需要寻求一种方法能融合不同来源、不同模式、不同表示形式的信息,同时该方法应能符合工程结构的基本原理,以实现结构安全评判的目标。

将多源信息进行组织、融合,对评判对象性态精确描述的过程属于"信息融合"的研究范畴。"信息融合"(或称"数据融合")的概念最早于 20 世纪 70 年代末被提出,目前其应用已从最初的军事领域拓展到智能制造、智能交通、医疗诊断等领域。比较常用的信息融合的方法(模型)主要有 Dempster-Shafer 证据推理法、粗糙集理论法、贝叶斯估计法、卡尔曼滤波法、加权平均法、模糊数学法、神经网络法、模糊推理法、规则推理法等。

2.规则推理法原理

规则推理由美国数学家波斯特(E.POST)在 1934 年首先提出。1972 年,纽厄尔和西蒙在研究人类的认知模型中开发了基于规则的产生式系统。本节在介绍规则推理法基本原理的基础上,梳理该方法在大坝安全监控领域的应用,分析其效力和局限性。

自然界的各知识单元之间存在着大量的因果关系,因果关系主要表达的是前提与结论的关系,适合用规则来表达。根据大坝安全的知识特点,可以采用产生式规则的形式来表达知识。

一个产生式规则可以记为由条件和对应结论(或动作)组成,一般可以写为:IF [P] THEN [Q]。式中,P 表示一组前提条件或状态,Q 表示若干结论或动作。规则的含义就是:如果前提 P 满足,则可推出结论 Q(或应执行动作 Q)。

产生式系统一般由三个基本部分组成:规则库、综合数据库和推理机。它们之间的关系如图 5.2.3-1所示。

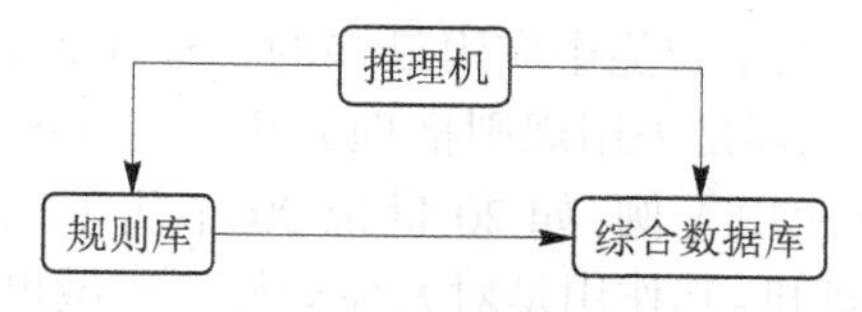

图 5.2.3-1　产生式系统的基本结构

规则库:用于描述某领域内知识的产生式集合,是某领域知识(规则)的存储器,其中的规则是以产生式形式表示的。

综合数据库:又称为事实库,用于存放输入的事实、从外部数据库输入的事实以及中间结果(事实)和最后结果的工作区。当规则库中的某条产生式的前提可与综合数据库中的某些已知事实匹配时,该产生式就被激活,并把用它推出的结论放入综合数据库中,作为后面推理的已知事实。综合数据库的内容是动态的。

推理机:是一个或一组程序,用来控制和协调规则库与综合数据库的运行,包含了推理方式和控制策略。通常一次推理分 3 步完成:匹配、冲突解决和操作。

3.方法比选

通过上节对信息融合方法的综述,可以将大坝安全评价领域的信息融合方法分为量化法和非量化法两大类。

量化法即通过建立信息融合模型,对模型中的评判指标和评判结论通过一定的方法进行量化。

对评判结论的量化,目前常用的方法是进行等间距划分,也可采用非等间距划分,存在的主要问题有:①等间距划分比较符合人们的习惯性认识,但可能与客观实际存在偏差;②非等间距划分能较好地反映实际,但划分比较复杂。

对评价指标集的量化即评价指标权重的确定,主要方法有主观赋权法、客观赋权法和主、客观混合赋权法。主观赋权法主要由工程师凭经验确定,客观赋权法有层次分析法、信息熵法、D-S 证据理论等,主、客观混合赋权法即将前述两种方法按一定的权重进行分配。主要存在的问题有:①大坝安全的评价指标的权重很难准确确定,权威专家往往也只能定性给出不同评价指标的重要程度(而实际工程师在评价中只需定性抓住反映大坝安全状态异常或恶化的重要指标,无须准确知道评价指标的权重和评分的量化值);②评价指标要确定权重的前提是各指标之间要相对独立,但实际多维度的大坝安全评价指标很难相对独立;③常见评价指标集表述的各指标之间往往是并列的关系,而实际工程师对大坝安全评判往往含有多种逻辑推理关系。

非量化法,实用性较强的是规则推理方法。该方法模拟工程师评判大坝安全的思维,制定相关大坝评判规则,通过一定的推理方式和控制策略执行规则,将多源信息进行融合,最后获得被感知对象更加精确的描述。该方法具有以下优点:①较为符合工程师对大坝安全评价的思维,可以灵活表达大坝安全评价的各种逻辑推理关系;②过程推理清晰,不仅能得到结论,还能回溯各推理过程节点的中间结论;③能有效规避需要对大坝安全评价目标层的等级划分和评价要素的权重确定的难点。实际大坝安全评判工作中,工程师只需定性掌握各指标对大坝安全的重要性,而无须定量给出,其实现方式是通过指标的评语等级来定性表征各指标对大坝安全的重要程度。

规则推理方法已经成了人工智能中应用最多的一种知识表示模式,尤其是在专家系统方面,许多成功的专家系统都是采用规则推理方法。规则推理方法已广泛应用于各种行业,在大坝安全领域也有使用先例,如20世纪90年代末期吴中如等提出的“一机四库”专家系统,“一机”为推理机,其作用是对大坝运行状态做出综合推理求解。首先根据知识库的准则,识别各监测量的测值性质,若为疑点则应用推理链进行成因分析。规则推理方法最大的优点是可以模拟工程师,灵活表达大坝安全评价的各种推理过程,只要建立符合工程实际的规则库,推理得到的结论能符合相关规范的要求。

根据上述分析,大坝安全状况评判方法选用规则推理方法。

5.2.3.3 综合评判规则

合理的评判规则是实现大坝安全精准评判的关键。目前,电力行业开展的大坝安全评价工作,主要是国家能源局大坝安全监察中心组织并依据《水电站大坝运行安全评价导则》(DL/T 5313—2014)开展的大坝安全定期检查工作。为确保综合评判结论与专家人工评判结果和规范具有较好的符合性,基于《水电站大坝运行安全评价导则》(DL/T 5313—2014)建立综合评判规则是必要的。

1.规则层次结构

综合评判规则体系从上至下可由对象评判层、部位评判层、项目评判层、监控点评判层等组成。首先,应基于监控方法和监控指标,对各监控点进行评判,再根据各监控点评判结论推求项目层的评判结论,然后融合各项目层的评判结论逐级得到部位层和对象层的评判结论,最后根据多个对象的评判结论推求大坝综合评判结论。

2.各层规则说明

规则体系内各层的规则设计主要依据《水电站大坝运行安全评价导则》(DL/T 5313—2014),需对规范的具体条款进行解构(详见表5.2.3-1)。结合规范相关示例给出如下各层规则说明。

(1)监控点层规则

监控点是在线监控模型中的最小单元,主要包括监测点、检查点、视频点,以及某个结构安全度计算值。

监测点的评判主要通过第5章提出的监控指标及评判准则进行分级判断。以坝体变形的评判举例:《水电站大坝运行安全评价导则》(DL/T 5313—2014)表13.0.2-2“混凝土拱坝安全等级综合评价分级表”中,对于坝体变形的评价,“a-”级为“时效位移速率虽无明显增大趋势……”,“b”级为“时效位移速率呈明显增大趋势……”,“无明显”和“明显”即为通过分级监控指标进行评判。

结构安全度计算值主要通过在线结构复核计算得到,通过监控指标进行评判。对于通过检查点、视频点获得的检查类信息,主要由人工给予评判。

(2)项目层规则

项目层评判规则主要包括多个监控点的组合规则和项目异常识别规则。组合规则是指根据项目层内监控点之间的逻辑关系(主要指机制关系或空间关系),将多个监控点进行组合。项目异常识别规则是指通过不同异常程度监控点的数量规则,提出项目正常与否的评判标准。

以坝体渗流状态的评判示例如下:《水电站大坝运行安全评价导则》(DL/T 5313—2014)表 13.0.2-2“混凝土拱坝安全等级综合评价分级表”中,对于坝体渗流状态的评价,“a-”级为“坝体防渗结构局部失效……”,“b”级为“坝体防渗结构大面积失效……”,“局部”和“大面积”对应的是异常范围不同导致评价结论不同。异常范围即通过监控点的空间关系进行组合,并通过异常的监控点个数来表征异常程度。

对于存在逻辑关系的监控点,如坝基张开致使帷幕拉开,进而导致坝基扬压力增大的现象,可以通过将监测坝基张开的测缝计和对应坝段扬压力监测点进行逻辑组合的方式评判。

(3)部位层规则

部位层评判规则主要指建立项目间的逻辑关系,并按逻辑关系进行组合,按《水电站大坝运行安全评价导则》(DL/T 5313—2014)的条款要求,提出相应部位的异常评判标准。示例如下:

《水电站大坝运行安全评价导则》(DL/T 5313—2014)表 13.0.2-1“混凝土重力坝安全等级综合评价分级表”中,对坝基状况中变形稳定要素属于“b”级的评价标准为“坝基变形未收敛,已导致上部结构损坏,影响整体结构安全或防洪安全”,其中“坝基变形未收敛”属于监测项目的评价结论,“已导致上部结构损坏”属于巡视检查项目的评价结论,“严重影响结构安全性”属于结构安全度项目的评价结论。对于这个项目的评价结论,《水电站大坝运行安全评价导则》(DL/T 5313—2014)根据相关机制用一定的逻辑关系组成起来,以形成该部位的评判结论,如上例中三层信息以“并且”的逻辑关系组成。其余典型案例可见表 5.2.3-1。

(4)对象层规则

对象层评判规则主要基于“木桶效应”逻辑,即对象的安全状况取决于其最薄弱的环节。通过得出的各部位评判结论,得出各对象的评判结论。

(5)综合评判规则

大坝安全综合评判规则主要参考《水电站大坝运行安全评价导则》(DL/T 5313—2014)13.0.1 和 13.0.3 的规定。《水电站大坝运行安全评价导则》(DL/T 5313—2014)13.0.1 规定“大坝安全等级分为正常坝(A 级或 A-级)、病坝(B 级)、险坝(C 级)三等四级”。13.0.3 规定“各类大坝安全评价要素,分项评价意见全为 a 级的,大坝安全综合评定等级为 A 级坝;分项评价意见有 1 个以上 a-级,无 b、c 级的,大坝安全综合评定等级为 A-级坝;有 1 个及以上为 b 级,无 c 级的,大坝安全综合评定等级为 B 级坝;分项评价意见有 1 个为 c 级的,大坝安全综合评定等级为 C 级坝”。

参考上述规定,根据各对象层评判结论,得出大坝综合评判结论为:

①正常。各监控对象的综合评判结果全部为正常,大坝安全综合评判等级为正常。

②轻微异常。各监控对象的综合评判结果存在轻微正常,但无异常或严重异常,大坝安全综合评判等级为轻微异常。

③异常。各监控对象的综合评判结果存在异常,但无严重异常,大坝安全综合评判等级为异常。

④严重异常。各监控对象的综合评判结果存在严重异常,大坝安全综合评判等级为严重异常。

表 5.2.3-1 《水电站大坝运行安全评价导则》(DL/T 5313—2014)规范条款解构示例说明

序号	评价要素	评价条款标准	条款解构			逻辑关系
			监测	巡检	结构安全度	
1	混凝土坝坝基变形稳定	坝基变形未收敛,已导致上部结构损坏,影响整体结构安全,评为“b”级	坝基变形未收敛	上部结构损坏	影响整体结构安全	并且,并且
2	混凝土拱坝坝体应力	坝体应力不满足规范要求,出现规模较大的贯穿性裂缝,破坏了坝体结构的整体性,严重影响结构安全性,评为“b”级	坝体应力不满足规范要求	出现规模较大的贯穿性裂缝,破坏了坝体结构的整体性	严重影响结构安全性	并且,并且
3	土石坝坝体变形	坝体(含面板接缝)变形超过工程经验值,但防渗体及坝坡未发现破坏迹象,评为“a-”级	坝体(含面板接缝)变形超过工程经验值	防渗体及坝坡未发现破坏迹象	—	并且
4	枢纽工程边坡	稳定安全系数基本满足规范规定,存在整体变形但无失稳迹象,评为“a-”级	存在整体变形	存在失稳迹象	稳定安全系数基本满足规范规定	并且,并且

5.2.3.4 规则推理法应用示例

以《水电站大坝运行安全评价导则》(DL/T 5313—2014)中对枢纽工程边坡稳定安全性的评价示例:属于“a-”级的评价标准为“稳定安全系数基本满足规范规定,存在整体变形但无失稳迹象”,其中“稳定安全系数基本满足规范规定”属于结构安全度评价结论,“存在整体变形”属于监测项目的评价结论,“但无失稳迹象”属于巡视检查项目的评价结论。

据此构建边坡稳定安全性评判的相关规则。

1.监控点层

建立各变形监控点的监控指标和评判准则;建立各巡视检查点的评判标准,由人工进行评判;建立边坡稳定安全系数的监控指标和评判标准。

2.项目层

建立变形监测项目评判规则:多个监控点的组合规则,即将边坡上属于同一变形条块的监测点进行组合,建立测点组;项目异常识别规则,即根据边坡实际情况,建立监控点异常的数量表征局部或整体变形的规则。

巡视检查项目评判规则:建立检查变形迹象的巡检项目规则,如是否存在拉裂缝及其范围、是否目测存在变形迹象及其范围或支护结构是否存在变形迹象等。

3.部位层

根据前述《水电站大坝运行安全评价导则》(DL/T 5313—2014)对边坡稳定安全性的

评价标准，建立能有机融合3个项目评判结论的评判规则。具体如下：

（1）正常

各变形监控点均正常或仅有少数变形监控点异常，巡视检查未发现变形迹象，根据实际荷载复核的边坡安全系数未超过规范允许值。

（2）轻微异常

多个变形监控点异常，但巡视检查未发现变形迹象，且复核的边坡安全系数未超过规范允许值。

（3）异常

多个变形监控点异常，且巡视检查发现存在变形迹象，复核的边坡安全系数超过规范允许值。

（4）严重异常

多个变形监控点异常，且巡视检查发现存在变形迹象，复核的边坡安全系数超过规范允许值，并存在较为严重的后果，如将危及坝体结构安全，或导致泄洪设施无法使用。

具体开展边坡稳定安全性综合评判时，根据设计的各层规则，从监控点层→项目层→部位层逐级推理，最终得到边坡稳定安全性的评级。

5.3　重点工程监控技术

通用监控技术适用于所有大坝，但不能满足重点大坝风险和隐患的精准监控。以某三心圆双曲拱坝为例，针对重点大坝从边坡地表变形、多点位移计、应力应变以及原型加密观测试验等间接评价方法，结合锚索测力计监测直接评价方法，并考虑基于应力强度因子判断准则的裂缝稳定性评价，实现坝肩超载加固效果稳定实时在线评价。

5.3.1　某三心圆双曲拱坝坝后裂缝稳定性评价

分别采用突变理论、断裂力学及动力学方法对大坝裂缝的稳定性进行了研究，建立了大坝裂缝稳定性判断的尖点突变准则、裂缝口张开位移准则、应力强度因子准则、J积分准则、裂缝尖端张开位移准则以及动力学转异准则。最后利用应力强度因子判断准则对某三心圆双曲拱坝坝后典型裂缝的稳定性进行了评价。

5.3.1.1　概述

裂缝的稳定与否关系到整个结构的安全状况，是判断结构稳定性的一个重要指标。混凝土坝裂缝失稳判断的研究是目前混凝土坝裂缝研究领域中的重大课题，主要任务是对大坝承受荷载的能力进行预测，分析混凝土坝裂缝在不利荷载作用下的稳定性，从而可以在大坝运行过程中对部分荷载加以控制，以避免出现不利荷载组合而使裂缝失稳，保证大坝的安全运行。

本章分别采用突变理论、熵理论、断裂力学及动力学方法上对大坝裂缝的稳定性进行了研究，建立了大坝裂缝稳定性判断的尖点突变准则、裂缝口张开位移准则、应力强度因子准则、J积分准则、裂缝尖端张开位移准则以及动力学转异准则。最后利用应力强度因子判断准则对某三心圆双曲拱坝坝后典型裂缝的稳定性进行了判断。

5.3.1.2 大坝裂缝稳定性突变理论

1.尖点型突变模型稳定判据

尖点型突变模型的势函数为：

$$V(x) = x^4 + ux^2 + vx \tag{5-1}$$

式中 x——大坝裂缝的状态变量；

u、v——大坝裂缝控制变量。

式(5-1)为大坝裂缝的稳态模型，对式(5-1)进行一次导数，则有：

$$V'(x) = 4x^3 + 2ux + v \tag{5-2}$$

对式(5-2)求解，得到式(5-1)的临界点 x，即为大坝裂缝的稳定模型的临界点。对式(5-1)而言，它可能有 1 个实根，或者有 3 个实根，实根的数目由下式决定：

$$\Delta = 4u^3 + 13.5v^2 \tag{5-3}$$

由式(5-3)可得到大坝裂缝稳定与否的判据。当 $\Delta>0$ 时，大坝裂缝处于稳定状态；当 $\Delta=0$ 时，大坝裂缝稳定与否处于临界状态；当 $\Delta<0$ 时，大坝裂缝处于非稳定状态。

2.大坝裂缝的稳定状态的判别

由坝工及监测理论可知，水压分量和温度分量反映的是坝体裂缝的弹性变形，而时效分量的产生原因较复杂。大坝裂缝的稳定问题，主要根据测缝计所测的裂缝开度的收敛性来判断。它综合反映大坝混凝土的徐变变形、自身体积变形及其他原因引起的裂缝开度的不可逆变形。因此，时效分量的变化规律及其收敛性在很大程度上反映了大坝裂缝的工作状态。当时效分量突然增大或变化急剧时，则意味着裂缝发生异常，因此可利用裂缝开合度时效分量的这一特性，建立突变模型进行分析。

大坝裂缝的时效分量可看成对时间变量的连续函数，可以展开成级数形式：

$$K = c_0 + c_1\theta + c_2\theta^2 + c_3\theta^3 + c_4\theta^4 \tag{5-4}$$

式中 θ——累计天数乘 0.01。

令：$\theta = Y - L$，$L = c_3/4c_4$，代入式(5-4)得：

$$K_\theta = d_4 Y^4 + d_2 Y^2 + d_1 Y + d_0 \tag{5-5}$$

式中

$$\begin{Bmatrix} d_0 \\ d_1 \\ d_2 \\ d_4 \end{Bmatrix} = \begin{bmatrix} L^4 & -L^3 & L^2 & -L & 1 \\ -4L^3 & 3L^2 & -2L & 1 & 0 \\ 6L^2 & -3L & 1 & 0 & 0 \\ 1 & 0 & 0 & 0 & 0 \end{bmatrix} \begin{bmatrix} c_4 \\ c_3 \\ c_2 \\ c_1 \\ c_0 \end{bmatrix} \tag{5-6}$$

式(5-6)仍不是尖点突变模型的标准形式，作进一步的变量代换，令：

$$Y = 4\sqrt{\frac{1}{d_4}}Z \qquad (d_4>0) \tag{5-7}$$

或

$$Y = 4\sqrt{\frac{-1}{d_4}}Z \qquad (d_4<0) \tag{5-8}$$

这里仅考虑 $d_4>0$ 的情况为例进行分析，将式(5-7)代入式(5-5)得到以 Z 为状态变量，以 u 、v 为控制变量的尖点突变模型的标准形式：

$$K_\theta = Z^4 + uZ^2 + vZ + e \tag{5-9}$$

式中，$e=d_0$，$u=\frac{d_2}{\sqrt{d_4}}$，$v=\frac{d_1}{4\sqrt{d_4}}$。

由突变理论可知，其平衡曲面的方程为：

$$4Z^3 + 2uZ + v = 0 \tag{5-10}$$

分叉集方程为：

$$8u^3 + 27v^2 = 0 \tag{5-11}$$

令：

$$\Delta = 8u^3 + 27v^2 \tag{5-12}$$

分叉集是半立方抛物线，如图5.3.1-1所示，在点 $O(0,0)$ 处有一个尖点。分叉集将控制变量平面分为两个区间，在区域 Ω_1 中 $\Delta>0$，系统状态是稳定的；在区域 Ω_2 中 $\Delta<0$，系统有三个平衡点，其中两个稳定，一个不稳定。判断不稳定点的标准是：

$$\mathrm{grad}_z[\mathrm{grad}_z(K_\theta)] = 12Z^2 + 2u < 0 \tag{5-13}$$

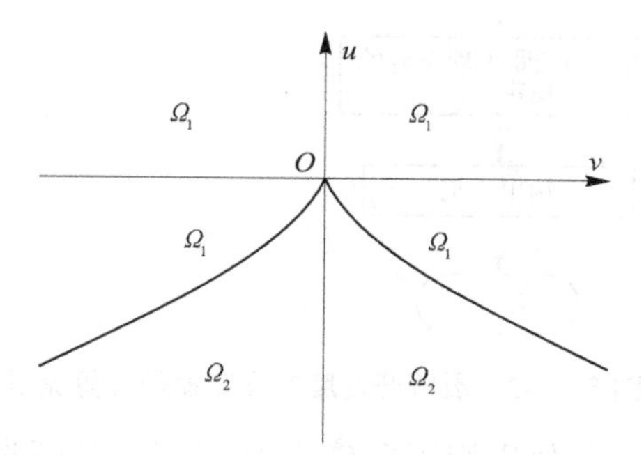

图5.3.1-1　分叉集对控制空间划分

由以上分析可知，系统发生突变有两种情况：

(1) $\Delta=0$；

(2) $\Delta<0$，且 $6Z^2+u<0$。

根据上述原理，裂缝开合度的突变模型计算程序框图如图5.3.1-2所示。

5.3.1.3　大坝裂缝稳定性断裂力学方法

断裂力学判断混凝土裂缝稳定性主要分为两类：一类是用线弹性断裂力学的方法判断裂缝稳定性；另一类是认为混凝土裂缝尖端存在微裂区，对线弹性断裂力学进行修正判断裂缝的稳定性。

1.应力强度因子方法判断裂缝的稳定性

对于混凝土大坝这样的结构来说，尤其是有较深裂缝的结构，可以应用线弹性断裂力学来判断裂缝稳定性。线弹性断裂力学有两种分析裂缝稳定性的方法。

(1)应力强度因子法

该法认为，当缝端的应力强度因子 K_i 小于材料的断裂韧度 K_{iC} 时，裂缝是稳定的(i 为

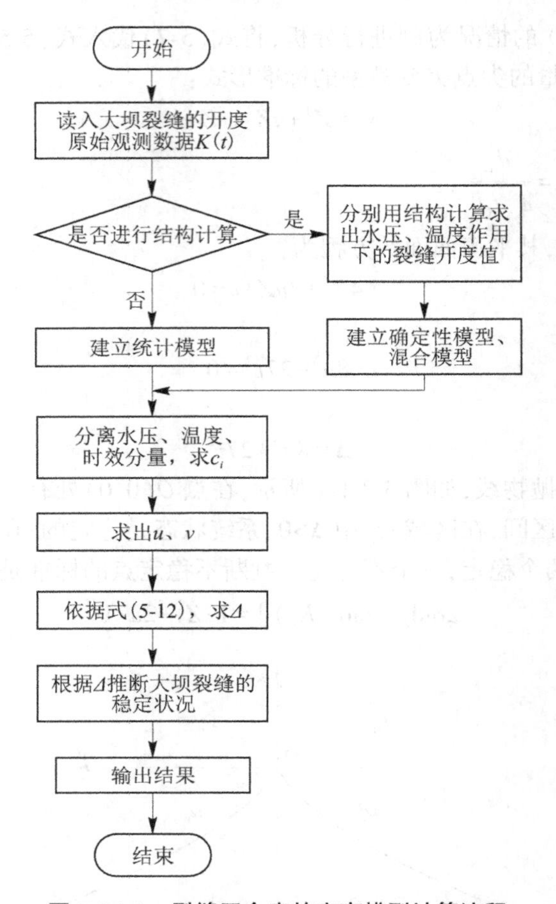

图 5.3.1-2　裂缝开合度的突变模型计算流程

裂缝的类型）。如果求出了应力强度因子 K_i，测定了材料的断裂韧度 K_{iC}，便可建立结构或构件不发生断裂的条件：

$$K_i \leqslant K_{iC} \tag{5-14}$$

（2）能量释放率判据法

该法认为，如果结构物中的裂缝扩展单位面积，整个结构系统能量的下降率 G_i（常称能量释放率）小于形成单位裂缝表面损耗的能量 G_{iC}，则裂缝是稳定的（i 为裂缝的类型）。能量释放率判据法避开了缝端附近的应力场，根据裂缝扩展时整个结构系统能量的变化来判断裂缝的稳定性；而应力强度因子法则需分析裂缝尖端很小范围内的应力场和位移场，并以此来判断裂缝的稳定性。

由于 K_i 和 G_i 的基础都是线弹性理论，它们在一定条件下通过关系式可以互相转换。

如对边界固定情况和外力固定的情况有下面的关系式：

$$G_i = \frac{1-\mu^2}{E} K_i^2 \quad （平面应变） \tag{5-15}$$

$$G_i = \frac{1}{E} K_i^2 \quad （平面应力） \tag{5-16}$$

由式(5-15)和式(5-16)可见,裂缝扩展能量释放率与强度因子的平方成正比关系,它随着荷载的增大而增长,当达到临界值 G_C 时,裂缝便会失稳扩展,导致构件脆性断裂。若Ⅰ型裂缝的抵抗力或临界裂缝扩展力为 G_{iC},则裂缝的稳定判据可表示为:

$$G_i \leqslant G_{iC} \tag{5-17}$$

2.用 J 积分判断裂缝的稳定性

用 J 积分判断裂缝的稳定性是通过一个能量积分 J 来描述裂缝尖端区域的应力场强度。J 积分和变形有密切的关系,在线弹性断裂力学中,J 积分和裂缝扩展能量释放率 G 是等效的;在大范围屈服问题中,J 积分与裂缝尖端张开位移存在一定关系。J 积分的计算与路径无关,可以避免裂缝尖端处应力状态的复杂性,因而得到了广泛的应用。但是裂缝缓慢扩展时,塑性区会出现应力松弛、卸载,这时不能用 J 积分作为断裂韧度的度量,因此 J 积分只适用于裂缝的失稳扩展的开始,而不能用于研究缓慢扩展后的失稳。

J 积分的范围为从裂缝下表面到上表面的一个回路(见图5.3.1-3),具有下列形式:

$$J = \int_{\Gamma} [W(\varepsilon)n_1 - n \cdot \sigma \cdot \partial u/\partial x_1]\,\mathrm{d}\tau \tag{5-18}$$

式中　$W(\varepsilon)$——弹性能密度;

u——积分回路上的位移矢量;

$\mathrm{d}\tau$——积分回路上的弧元素;

n——指向回线外方向的单位法线;

n_1——法线在 x_1 方向上的分量。

J 积分示意图如图5.3.1-3所示。

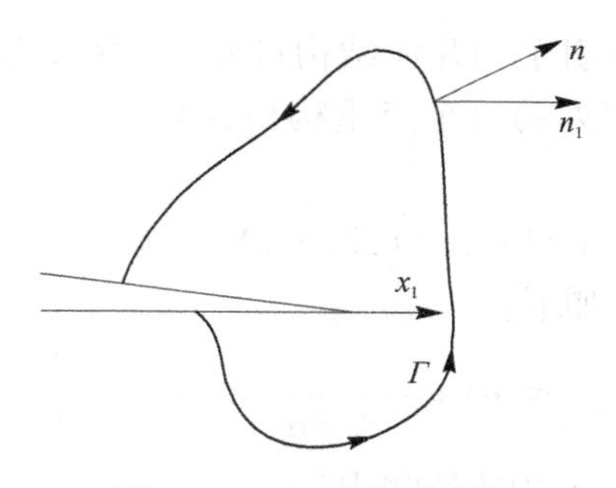

图5.3.1-3　J 积分示意图

3.CTOD 理论

根据线弹性理论分析,在裂缝尖端附近区域,应力随 r 的减小而迅速增大。在实际工程材料中,这样理想化的情况是不会出现的。对于金属材料,在裂缝尖端前沿,当应力达到屈服极限时会发生塑性变形,从而形成一个塑性区。对于混凝土材料,在宏观裂缝发生失稳扩展前存在着缓慢的稳定裂缝增长阶段,其裂缝尖端附近存在着一个微裂区。当裂缝增长而形成微裂区时都要消耗更多的外力功,所以线性断裂力学判据就不能适用,除考虑塑性变形后修正应力强度因子作为判据外,还广泛采用裂缝尖端张开位移 δ 积分、断裂能量等作为断裂判据。由于考虑裂缝尖端附近材料屈服后应力重分布,应力强度因子也会发生变化,为此根据微裂区尺寸不同将原裂缝长度适当增大,即修正原裂缝长度以计算应力强度因子的方法。裂缝尖端张开位移 CTOD(crack tip opening displacement)是指裂缝尖端表面的张开位移值。从断裂能量判据观点来看,当应力应变的综合量达到某一临界值后裂缝就扩展。在线弹性理论中,应力应变呈线性关系,因而用应力强度因子判据与能量判据是等效的。但是,若在裂缝尖端的塑性区(如金属材料)或微裂区(如混凝土材料),小尺寸试件测定的断裂韧度存在明显的尺寸效应,线弹性断裂力学对于小尺寸的混凝土结构是不适用的。这时用变形的观点去研究裂缝扩展的评判标准就更合适。用 CTOD 作判据就是认为裂缝尖端张开位移 d 达到材料所容许的某一临界值 δ_c($CTOD_c$)时,裂缝就扩展,其临界值 δ_c 可作为弹塑性断裂韧度指标。裂缝稳定而不失稳扩展的条件可以写为

$$\delta \leqslant \delta_c \tag{5-19}$$

利用式(5-19)可判断裂缝的稳定性。

5.3.1.4 大坝裂缝稳定性动力学方法

本章基于动力学自相关因子指数法的思想,提出了检验混凝土坝裂缝开合度时间序列转异状态的动力学互相关因子指数法。该方法的基本原理是,将一个长度为 N 的时间序列 $\{x(t), t=1,2,\cdots,N\}$ 嵌入到空间上进行动力学轨线重构,其嵌入向量表达式为:

$$X_i=\{x(t_i), x(t_i+\tau), \cdots, x[t_i+(m-1)\tau]\} \tag{5-20}$$

式中 τ——时间延迟,$\tau=\alpha\Delta t$;

α——延迟参数;

Δt——采样时间间隔;

m——嵌入空间维数。

为了保证相空间重构吸引子的几何结构最好,本章采用互信息法确定最佳的延迟时间和嵌入维数。对时间序列的每个点重构后,组成一个 $[N-\alpha(m-1)]\times m$ 维的向量矩阵:

$$X=\{X_i, i=1,2,\cdots,N-\alpha(m-1)\} \tag{5-21}$$

某集 X 的自关联和定义如下:

$$C_{XX}(\varepsilon)=P(\|X_i-X_j\|\leqslant\varepsilon)=\frac{2}{[N-\alpha(m-1)-1][N-\alpha(m-1)]}\times \sum_{i=1}^{N-\alpha(m-1)-1}\sum_{j=i+1}^{N-\alpha(m-1)}\Theta(\varepsilon-\|X_i-X_j\|) \tag{5-22}$$

式中 $C_{XX}(\varepsilon)$——在重构空间里 ε 距离内找到临近点 X_i 的概率;

$\Theta(h)$——Heaviside 阶跃函数。

为了对集 X 和集 Y 进行有效的比较,集 X 和集 Y 的交互关联和定义为:

$$C_{XY}(\varepsilon)=P(\|X_i-Y_j\|\leqslant\varepsilon)=\frac{1}{[N-\alpha(m-1)][N-\alpha(m-1)]}\times \sum_{i=1}^{N-\alpha(m-1)}\sum_{j=i+1}^{N-\alpha(m-1)}\Theta(\varepsilon-\|X_i-Y_j\|) \tag{5-23}$$

式中,$C_{XY}(\varepsilon)$ 关于集 X 和集 Y 是对称的,表示在 X_i 的 ε 邻域内找到 Y_j 的概率。

同时为了克服 Heaviside 阶跃函数的刚性边界问题,在计算关联 $C_{XX}(\varepsilon)$、$C_{XY}(\varepsilon)$ 时,

用 Gaussian 函数代替 Heaviside 函数。

自关联和 $C_{XX}(\varepsilon)$ 及交互关联和 $C_{XY}(\varepsilon)$ 具有一定的区分潜在动力学的能力，但它们远不能作为识别混沌时间序列间异同性的最重要的标志。因此，为鉴别时间序列的动力学属性或它们内在的动力学层次以及复杂性，定义动力学互相关因子指数 R，即

$$R=\lim_{\varepsilon\to 0}\left|\ln\frac{C_{XY}(\varepsilon)}{\sqrt{C_{XX}(\varepsilon)}\sqrt{C_{YY}(\varepsilon)}}\right| \tag{5-24}$$

式中，R 的含义是：如果 R 是统计上足够小的，那么集 X 和集 Y 具有完全相同的动力学；如果 R 不是统计上足够小的，则集 X 和集 Y 的动力学并不是完全相同的。R 一方面能起到直接测量混沌时间序列之间“距离”的作用，另一方面能有效地区分不同动力系统，尤其是它能处理大坝裂缝时间序列较短的情况。

式(5-24)中 R 只表明了不同时间序列动力学上的差异性，但对于混凝土坝裂缝系统而言，为了表征裂缝的转异程度，对式(5-24)进行修正，并构建了如下统计量：

$$G=\frac{\max|R(i)-\bar{R}|}{s} \tag{5-25}$$

式中：$\bar{R}=\sum_{i=1}^{n}R_{(i)}/n$；$s=\sqrt{\sum_{i=1}^{n}(R_{(i)}-\bar{R})^2/(n-1)}$；当 $R_{(i)}$ 服从正态分布时，统计量 G 满足 $\frac{G}{\sqrt{(n-1-G^2)/(n-2)}}\sim t_\alpha(n-2)$，$\alpha$ 为显著性水平，也称为混凝土坝裂缝转异显著性水平。在给定混凝土坝裂缝显著性水平 α 后，得到统计量 G 的临界值为：

$$G_\alpha=\frac{t_\alpha}{\sqrt{(n-2-t_\alpha^2)/(n-1)}} \tag{5-26}$$

对于给定的混凝土坝裂缝开合度实测序列或裂缝开合度混沌成分时间序列 $\{x(t),t=1,2,\cdots,N\}$，取一宽度为 n 的滑动窗口 W，分别对 $x(t)$ 中 n 至 $N-n$ 各点左右两个窗口进行嵌入空间上的动力学重构，并计算自关联和 $C_{XX}(\varepsilon)$、$C_{YY}(\varepsilon)$ 及交互关联和 $C_{XY}(\varepsilon)$，从而计算互相关因子指数 $\{R(i),i=n,\cdots,N-n\}$，并根据式(5-25)和式(5-26)计算统计量 G 和临界值 G_α。当 $G\geqslant G_\alpha$ 时，所对应的互相关因子指数满足概率 $P(R(i))\geqslant 1-\alpha$ 的条件，则在该分割点处将 $x(t)$ 分割成两段动力结构有一定差异（差异的程度随转异显著性水平 α 的取值变化）的子序列，否则不分割。对新得到的两个子序列分别重复上述操作，直至所有的子序列都不可分割。为确保统计的有效性，当子序列的长度小于等于最小分割尺度时，将不再对其进行分割。通过上述计算分析，将混凝土坝裂缝开合度时间序列分割为若干表征不同动力学结构的子序列，其各子序列分别包含了不同层次信息，分割点即为动力学结构突变点，也为混凝土坝裂缝转异点。

5.3.2　某三心圆双曲拱坝左岸坝肩超载加固效果稳定评价

5.3.2.1　概述

本项目结合某三心圆双曲拱坝左岸坝肩锚索加固的现状，研究超载加固效果评价体系，探索多种预锚加固效果的评价方法，研究并建立坝肩超载加固效果评价体系，对左岸

坝肩稳定性进行评价。具体的研究内容和方法如下：

(1)阐述了边坡工程监测体系,包括表面变形、内部变形、倾斜和裂缝、地下水位、降雨量、地震、爆破影响、应力监测等,选取其中能有效反映锚索工作状态的监测项,如水平位移监测、垂直位移监测、倾斜监测、接缝与裂缝监测、渗流监测、边坡岩体内部应力监测、锚索(杆)应力监测等,建立了坝肩超载加固监测方法及体系,并对各种监测方法进行了详细描述;根据边坡工程监测情况,分析了某三心圆双曲拱坝左岸坝肩超载加固监测体系的有效性,根据建立的坝肩超载加固监测方法及体系,提出了增加左岸坝肩重力墩部位的监测项目的设想以完善现有监测体系。

(2)研究了在缺乏锚索测力计情况下坝肩预锚加固效果的间接评价方法,即从边坡地表变形监测、多点位移计监测、应力应变监测、原型加密观测试验等方面,研究并建立了间接评价方法,与锚索测力计监测直接评价方法一起,组成了坝肩超载加固效果评价体系,运用该评价体系对某三心圆双曲拱坝左岸坝肩超载加固效果进行了评价。

(3)研究了坝肩超载加固效应数值仿真分析方法,比较分析了多种预锚加固的模拟方法,采用大型有限元软件 ABAQUS 对某三心圆双曲拱坝左岸坝肩预锚加固效果进行了模拟。选取水位大变动工况及高水位水位小幅波动工况,通过坝肩应力场、位移场和预锚力变化的计算,对坝肩加固效果进行了评价,并从孔深 60 m、85 m 及 100 m 锚索预锚力整体损失,孔深 60 m、85 m 及 100 m 锚索预锚力分别损失,左重 1#、左重 2#及左重 3#区域锚索预锚力依次损失三种角度分析左岸坝肩超载加固锚索工作状态变化对大坝结构的影响;最后结合坝肩 1#、0#垂线的监测资料分析及有限元仿真分析,研究了左岸坝肩的变形规律。

5.3.2.2 某三心圆双曲拱坝坝肩超载加固监测方法研究

本项目主要从常规边坡监测体系出发,研究了某三心圆双曲拱坝坝肩超载加固监测方法,得到以下主要结论：

(1)根据超载加固的含义,将锚索(杆)应力监测作为坝肩超载加固监测方法并从超载加固锚索工作状态变化与岩体内外部变形、渗流压力、岩体内部应力相互影响角度,研究了边坡监测方法中的变形监测(包括水平位移监测、垂直位移监测等)、渗流监测及应力监测(岩体内部应力监测)方法作为超载加固监测方法的适用性。

(2)通过对超载加固监测方法及某三心圆双曲拱坝左岸坝肩监测体系现状的分析,对某三心圆双曲拱坝坝肩超载加固监测方法进行了研究,由于左岸坝肩重力墩的监测项目能够最直接地反映出超载加固效果,而重力墩部位监测项目(包括多点变位计监测、锚索测力计监测及 0#、1#垂线监测)中的多点变位计监测、锚索测力计监测目前已停测,故提出了增加左岸坝肩重力墩部位的监测项目的建议,包括增加左岸坝肩重力墩表部位移监测、恢复已停测的监测项目(如多点变位计、锚索测力计等监测项目)等。

5.3.2.3 基于监测资料的坝肩超载加固效果评价方法

在超载加固监测方法的基础上,研究了基于监测资料的坝肩超载加固效果评价方法,得出如下主要结论：

根据超载加固监测方法,确立了坝肩超载加固效果评价方法,主要包括锚索测力计直接评价法和间接评价法(包括边坡变形监测评价法、多点位移计监测评价法、应力应变监测评价法及原型加密观测试验评价法)，并对以上各超载加固评价方法的具体实施作了详细描述。

在坝肩超载加固效果评价方法的基础上，根据某三心圆双曲拱坝左岸坝肩监测体系(主要包括谷幅监测、多点位移计监测、岩表位移监测、重 1# 坝段 1# 垂线监测、重 3# 坝段 0# 垂线监测)，结合现有的监测项目，建立了基于监测资料的某三心圆双曲拱坝左岸坝肩超载加固效果评价体系，见图 5.3.2-1。

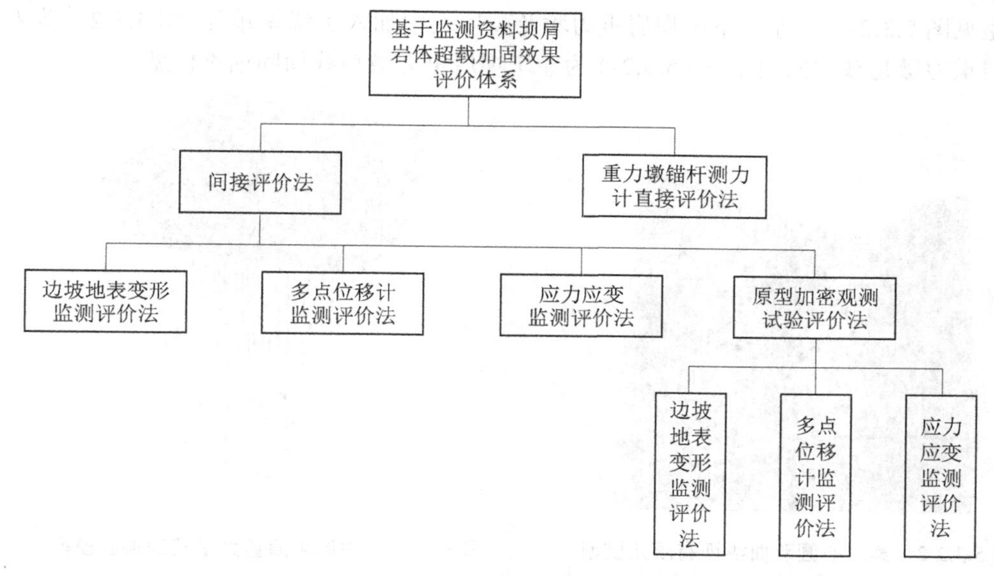

图 5.3.2-1　某三心圆双典拱坝左岸坝肩超载加固效果评价体系

5.3.2.4　某三心圆双曲拱坝左岸坝肩超载加固效果的数值仿真分析方法

本项目结合某三心圆双曲拱坝左岸坝肩的实际情况，对多种岩质边坡预锚加固模拟方法进行比较分析，通过分析得出如下结论：

(1) FLAC3D 的锚索加固效应模拟方法可以非常细致地模拟锚杆的力学行为，但在参数的设置上必须要有足够的试验资料，若任意假定则不能反映真实性。

(2) ADINA 的锚索加固效应模拟方法必须使预应力锚索杆单元的网格密度与接触处的岩体(砂浆体)一致，这给有限元建模阶段的网格划分带来很大工作量，特别是在不同锚索群数量情况下，建模效率低，且计算精度差。

(3) 其他锚索加固效应模拟中的三维复合单元模拟，虽然不需要锚索杆单元节点与周围岩体的节点一致，岩体网格划分不受锚杆单元限制，缺少实践经验，计算成果的合理性难以把握。

(4) ABAQUS 的锚索加固效应模拟方法具有岩体网格划分不受锚杆位置限制的优点，即锚杆单元节点无需设置在围岩节点上，且在不同锚索群数量下时模拟效率较高，缺点是在锚杆力学行为上真实性的模拟没有 FLAC3D 准确，但能较真实地反映边坡目前的工作状况，用于探讨不同锚索群数量下的加固效应不失为一种简化分析方法。

通过上述分析比较，并结合某三心圆双曲拱坝工程实际，本研究最终决定采用

ABAQUS 大型有限元软件对坝肩超载加固效果进行数值模拟分析。

5.3.2.5 某三心圆双曲拱坝左岸坝肩超载加固效果评价的有限元模型

某三心圆双曲拱坝有限元计算模型的范围:上游方向取 1 倍左右坝高(约 150 m),左右坝肩各取 1 倍左右坝高(约 150 m),下游方向取 2 倍坝高(约 300 m),坝基岩体取 1.5 倍坝高(约 200 m)。为了模拟左岸坝肩锚索加固效应,建立的三维有限元模型包括坝体、坝基(含坝肩)、库盘、左中孔、左底孔、右中孔、坝后背管及 2 059 m 高程镇墩等,其有限元模型见图 5.3.2-2;在左岸下游坝肩重力墩及高边坡中加入了锚索单元,图 5.3.2-3 为左岸坝肩重力墩超载加固模型,图 5.3.2-4 为左岸坝肩重力墩超载加固锚索模型。

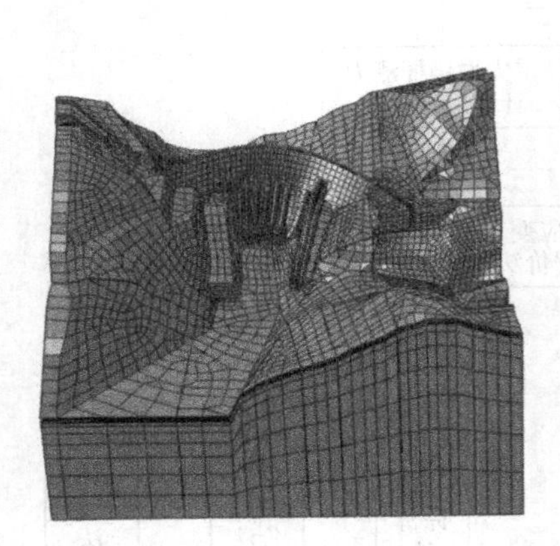

图 5.3.2-2 某三心圆双曲拱坝有限元模型

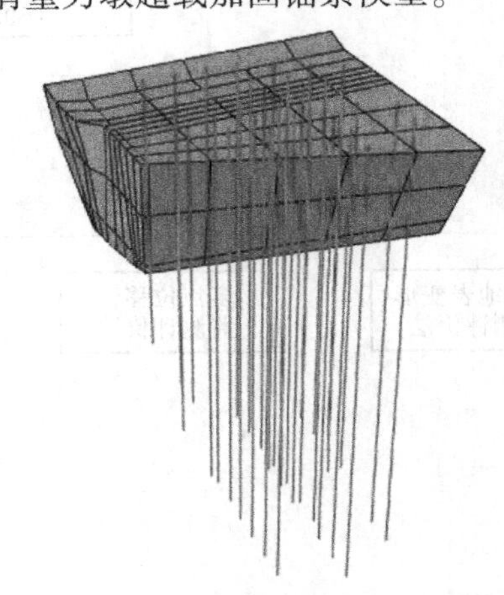

图 5.3.2-3 左岸坝肩重力墩超载加固模型

图 5.3.2-4 左岸坝肩重力墩超载加固锚索模型

5.3.3 通用与重点监控技术融合

重点监控技术与通用监控技术的区别主要在于监控部位以及采用方法不同,通用监控技术主要是采用快速设置、通用性强的常规方法对大坝变形和渗流等典型性态进行监控,重点监控技术则是采用针对性强的结构评价方法对大坝重点和薄弱部位(如某三心圆双曲拱坝坝后裂缝和左岸坝肩稳定)进行监控。两者的共同点是均能转化为对监控部位的评判规则,在监控预警及综合评判体系下融合并递推大坝综合评判结论,在通用安全性态评判的基础上有进一步的针对性分析,最终实现对大坝安全更加精准的评判,对重点大坝的一坝一策监控效果显著。

5.4　监控模型技术

监控模型技术是监控预警及综合评判体系的一部分，能够降低监测数据异常误报率，进一步提高大坝安全评判结论的精准度，主要包括 BP 神经网络技术（非结构化模型技术）和三维非线性有限元快速分析方法（结构化模型技术）。

本研究首先采用误差逆向传播 BP 神经网络技术（非结构化模型技术），全面应用于大坝安全监控的模型建立和预测预报，当预报结果异常程度较高时，启用三维非线性有限元快速分析方法（结构化模型技术），分析异常点位的计算结果，最终融合结构化模型和非结构化模型，通过相互对比验证，更加准确地在线评判大坝安全运行状态。系统对 1 万多点建立了模型，数据异常误报率从原来的 40% 降低至 10%，解决了监测数据异常误报率较高的难题。

5.4.1　基于 BP 神经网络的异常值识别技术

包括统计模型、确定性模型及混合模型在内的用于大坝原型监测数据异常值识别及安全监控的常规数学模型，均在一定程度上含有统计特性和假设成分，或者建立在观测误差的数学期望全为零、各次观测相互独立以及观测误差呈正态分布的假设前提下，或者建立在对大坝物理力学性质的一定假设的基础之上，因此其模型精度在较大程度上取决于建模因子的选择是否恰当。

BP 网络模型是采用误差逆向传播进行训练的多层前馈神经网络。将 BP 神经网络用于实现大坝安全监控的模型建立和预测预报功能的显著优势是避免了知识表示的具体形式，克服了常规数学模型需要一定的前提假设和事先确定因子的缺点，理论上可实现任意函数的逼近。BP 神经网络所反映的函数关系不必是显示的函数表达式，而是通过调整网络本身的权值和阈值来适应，可避免因为因子选择不当而造成的误差。

5.4.1.1　BP 网络模型原理

BP 网络各层互连，其算法由正向、逆向传播构成。首先，经过输入层将信息向前传递到隐含层节点，经过激活函数作用后，把隐含层节点的输出传送到输出层节点，给出输出结果（正向传播）；然后对输出信息和期望目标值进行比较，将误差沿原来的连接路径返回，通过修改不同层间的各节点连接权值，使误差减小（逆向传播）。如此反复进行，直至误差满足设定的要求。

对于含有 1 个隐含层的三层网络拓扑结构，其由输入层 X（r 个节点）、隐含层 A（n 个节点）和输出层 Y（m 个节点）组成，对应的激活函数 $f(x)$ 取 Sigmoid 函数形式，即

$$f(x)=\frac{1}{1+e^{-x}} \tag{5-27}$$

对于输入样本 $X=(x_1,x_2,\cdots,x_r)$，其相应的网络目标矢量为 $Y=(y_1,y_2,\cdots,y_m)$，学习的目的是用网络的每一次实际输出 $Y_s=(y_{s1},y_{s2},\cdots,y_{sm})$ 与目标矢量 Y 之间的误差通过梯度下降法来修改网络权值和阈值，使网络输出层的误差平方和达到最小，从而使输出在理

论上逐渐逼近目标。

1.信息的正向传递

隐含层第 i 个神经元的输出为：

$$A_i = f_1\left(\sum_{j=1}^{r} w_{1ij}x_j + b_{1i}\right) \quad (i = 1,2,\cdots,n) \tag{5-28}$$

输出层第 k 个神经元的输出为：

$$Y_k = f_2\left(\sum_{i=1}^{n} w_{2ki}a_i + b_{2k}\right) \quad (k = 1,2,\cdots,m) \tag{5-29}$$

输出层第 k 个神经元的输出误差为：

$$E = \frac{1}{2}\sum_{k=1}^{m}(y_{sk} - y_k) \tag{5-30}$$

2.权值变化与误差逆向传播

按照 δ 规则，连接权值与阈值的调整增量应与误差梯度成比例，即

$$\Delta w_{jk} = -Z\frac{\partial E}{\partial w_{jk}} \tag{5-31}$$

式中 Z——学习速率。

(1)输出层的权值变化

对从第 i 个输入到第 k 个输出的权值调整量为

$$\Delta w_{2ki} = -Z\frac{\partial E}{\partial w_{2ki}} = -Z\frac{\partial E}{\partial y_k}\frac{\partial y_k}{\partial w_{2ki}} = Z(y_{sk} - y_k)f'_2 a_i = ZW_{ki}a_i \tag{5-32}$$

其中

$$W_{ki} = (y_{sk} - y_k)f'_2 = e_k f'_2 \tag{5-33}$$

$$e_k = y_{sk} - y_k \tag{5-34}$$

同理可得

$$\Delta b_{2ki} = -Z\frac{\partial E}{\partial b_{2ki}} = -Z\frac{\partial E}{\partial y_k}\frac{\partial y_k}{\partial b_{2ki}} = Z(y_{sk} - y_k)f'_2 = ZW_{ki} \tag{5-35}$$

(2)隐含层权值变化

对从第 j 个输入到第 i 个输出的权值调整量为

$$\Delta w_{1ij} = -Z\frac{\partial E}{\partial w_{2ij}} = -Z\frac{\partial E}{\partial y_k}\frac{\partial y_k}{\partial a_i}\frac{\partial a_i}{\partial w_{1ij}} = Z\sum_{k=1}^{m}(y_{sk} - y_k)f'_2 w_{2ki}f'_1 x_j = ZW_j x_j \tag{5-36}$$

其中

$$W_{ij} = e_i f'_1 \tag{5-37}$$

$$e_i = \sum_{k=1}^{m} W_{ki}w_{2ki} \tag{5-38}$$

同理可得

$$\Delta b_{1ki} = ZW_{ij} \tag{5-39}$$

为了训练一个 BP 网络，可以按照上述方法计算网络加权输入矢量以及网络输出和误差矢量，然后求得误差平方和。当所训练矢量的误差平方和小于误差目标时，则训练停止，

否则在输出层计算误差变化，采用逆向传播学习规则来调整权值，并不断重复此过程。当网络完成训练后，对网络输入一个不是训练集合中的矢量，网络将以泛化方式给出输出结果。

5.4.1.2　大坝变形监测的 BP 网络模型

根据系统工程理论，可以把大坝安全运行看成一个系统，而各类监测项目，如水平位移、垂直位移、接缝开合度、坝基扬压力、渗流量等，则可看作其不同的黑箱实体子系统。以下以某特高拱坝为例，介绍大坝变形监测 BP 网络模型的建立方法。

1.模型结构与参数确定

大坝变形监测 BP 网络模型的输入层结点数，由影响该变形观测量的因子数确定。一般而言，影响大坝坝体水平位移的因子有三类，即水压、温度和时效，各效应分量的因子选择与统计模型相同，水压、温度、时效因子共计 12 个，则网络模型的输入层结点数为 12 个。

输出结果为坝顶水平位移监测量 1 项，故输出层结点数为 1 个。

隐含层的结点数对网络收敛速度有较大影响。理论上已证明，隐含层具有 $2r+1$ 个（r 为输入层结点数）结点时，三层前馈网络可以任意精度逼近任一可微函数。选择不同的隐含层结点数进行训练表明，当隐含层结点数取为 25 个时，学习过程收敛最快。因而大坝变形监测的 BP 网络模型可以采用 12-25-1 的网络结构形式。

一般情况下，随着学习速率 Z 的增加，训练时间和迭代次数都减小，但同时震荡加剧。经不同的训练表明，$Z=0.87$ 时网络收敛速度较快且稳定性好。

2.学习样本的规格化

Sigmoid 激励函数具有“柔软性”和可微分性等优点，但当数据在远离 0 的区域进行学习时，其收敛速度很慢。因此，在网络学习训练前，应首先对所选择的 12 组因子进行规格化处理：

$$X'=0.01+\frac{0.99(X-X_{\min})}{X_{\max}-X_{\min}} \tag{5-40}$$

式中　$X_{\max}$、$X_{\min}$——每组因子变量的最大值和最小值；

X、X'——每组因子变量规格化前和规格化后的值。

经过规格化后的输入与输出数据全部在（0.01，1.00）之间，这样既不影响数据间的信息联系，同时又大大加快了网络学习速度。

3.初始权值的选取

初始权值代表对某问题的最合适权值的猜想，但 BP 网络的训练最终结果并不依赖于初始权值的选取，而是通过输出与期望之间的误差来更新网络的权值。

不过随机选取的初始权值，其取值范围会直接影响网络的学习速度和效果。通过对不同的初始权值范围进行试验后发现，当取值范围在（−0.57，0.57）之间时，网络学习收敛较快，且不至于因初始权值太大而使网络陷入局部最小值。

5.4.1.3　建模实例

以某特高拱坝（最大坝高 240 m，坝顶弧长 774.69 m）为例，对其拱冠梁垂线坝顶测点的径向水平位移测值建立 12-25-1 结构形式 BP 神经网络模型。模型精度指标统计于表 5.4.1-1，拟合值过程线见图 5.4.1-1，图中同时绘出统计模型拟合值过程线以利比对。由建模结果可见，BP 神经网络模型的拟合、预报精度均较高，与常规统计模型、混合模型相比，也显著高于后者，特别是预报精度，并没有随着时间推移而显著降低。

表 5.4.1-1 拱坝径向水平位移 BP 神经网络模型精度指标

项目	时段(年-月-日)	复相关系数	标准差/mm
训练	2012-06-27～2012-12-08	0.999 966	0.119
验证	2012-12-09～2013-03-15	0.999 921	0.196
预报	2013-03-16～2013-04-30	0.999 855	0.392

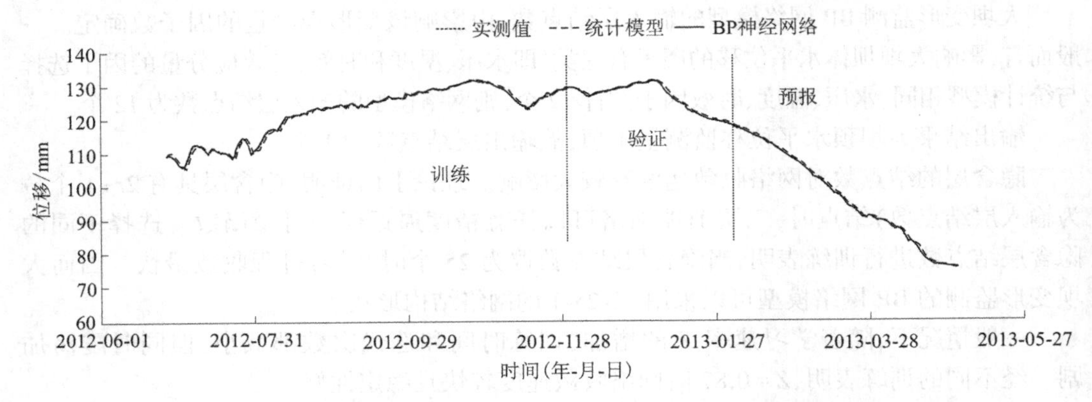

图 5.4.1-1 拱坝径向水平位移 BP 神经网络模型拟合值过程线

5.4.2 大坝快速结构分析的有限元技术

由于 BP 神经网络模型技术预报仅仅依赖于历史数据，且未从结构机制层面进行分析，因此当其预报值异常程度较高时，需要进一步确认其可靠性，因此需要启用三维非线性有限元快速分析技术对异常点位进行计算，提高监控精准度，降低异常误报率。

5.4.2.1 大坝快速结构分析计算方法

1.大坝快速结构分析的有限元方法

本次研究拟采用三维非线性有限元方法作为大坝结构分析的基本计算方法。大坝结构计算需要模拟大坝整个施工期的应力，该步骤需要花费大量的时间，因此为实现结构分析的快速性，本次研究中大坝结构分析以大坝所处的某一初始应力状态为计算出发点，这个应力状态与此时所受的外荷载所对应。例如：可将大坝上游库水位为正常蓄水位时所对应的状态作为初始计算出发点，此时大坝及坝基处于由各种外荷载所产生的一个初始应力状态，在这种情况下即可大大节省大坝施工过程的计算时间。上述初始应力状态以有限元平衡方程可表达为以下形式：

$$\iiint_{\Omega}[B]^{\mathrm{T}}[D][B]\{\delta_0\}\,\mathrm{d}V = \sum\{F_i\} \tag{5-41}$$

$$\iiint_{\Omega}[B]^{\mathrm{T}}\{\sigma_0\}\,\mathrm{d}V = \sum\{F_i\} \tag{5-42}$$

式中 Ω——整个三维计算域；

$[B]$——应变矩阵；

$[D]$——弹性矩阵；

$\{\delta_0\}$——初始位移场；

$\{F_i\}$——初始外荷载矩阵；

$\{\sigma_0\}$——初始应力场。

以上述初始状态为计算出发点，当大坝所处的外荷载条件（如水库水位和温度等）发生变化时，整个大坝和坝基的位移场和应力场即发生相应改变，则新的平衡状态方程可表示为以下形式：

$$\iiint_{\Omega}[B]^{\mathrm{T}}[D][B](\{\delta_0\}+\{\Delta\delta\})\mathrm{d}V=\sum(\{F_i\}+\{\Delta F_i\}) \tag{5-43}$$

$$\iiint_{\Omega}[B]^{\mathrm{T}}(\{\sigma_0\}+\{\Delta\sigma\})\mathrm{d}V=\sum(\{F_i\}+\{\Delta F_i\}) \tag{5-44}$$

式中　$\{\Delta\delta\}$——新状态相对初始状态的位移增量；

$\{\Delta\sigma\}$——新状态相对初始状态的应力增量；

$\{\Delta F_i\}$——新状态相对初始状态的外荷载增量。

根据以上有限元计算理论，在大坝快速结构分析过程中，可首先建立大坝和地基的初始应力状态。在后续快速结构分析中，从建立的初始状态出发，根据式(5-43)、式(5-44)即可快速计算得到大坝在新状态下的增量位移及应力。

2.坝体混凝土及坝基岩体力学行为模拟

大坝结构分析采用非线性三维有限元方法。在有限元结构分析过程当中，当坝体和坝基材料在应力作用下处于弹性阶段时，材料应力应变行为以弹性理论进行模拟，应力应变关系满足广义 Hooke 定律，材料一旦进入屈服状态，则以弹塑性理论进行模拟。

(1)坝基岩体塑性模拟

坝基岩体的完整岩块以 Drucker-Prager 准则作为屈服条件，则材料达到屈服状态的判断条件为：

$$F_{\mathrm{b}}=q-p\tan\beta_{\mathrm{b}}-d_{\mathrm{b}}=0 \tag{5-45}$$

式中　q——Mises 等效偏应力；

p——等效静水压力；

β_{b}——岩体材料的内摩擦角；

d_{b}——岩体材料的黏聚力。

根据上述屈服准则进行屈服判断，一旦岩块所受应力超出屈服面，则进行塑性迭代调整，此时塑性应变可定义为以下形式：

$$\mathrm{d}\varepsilon_{\mathrm{b}}^{\mathrm{pl}}=\mathrm{d}\bar{\varepsilon}_{\mathrm{b}}^{\mathrm{pl}}\frac{1}{1-\tan\Psi_{\mathrm{b}}/3}\frac{\partial g_{\mathrm{b}}}{\partial_{\sigma}} \tag{5-46}$$

式中　g_{b}——塑性流动势函数；

Ψ_{b}——剪胀角；

$d\bar{\varepsilon}_{\mathrm{b}}^{\mathrm{pl}}$——塑性流动增量值。

岩体中的断层破碎带等软弱岩体以 Mohr-Coulumb 准则作为屈服条件，则材料达到屈服状态的判断条件为：

$$F=R_{mc}q-p\tan\varphi-c=0 \tag{5-47}$$

$$R_{mc}(\Theta,\varphi)=\frac{1}{\sqrt{3}\cos\varphi}\sin\left(\Theta+\frac{\pi}{3}\right)+\frac{1}{3}\cos\left(\Theta+\frac{\pi}{3}\right)\tan\varphi \tag{5-48}$$

式中 φ——内摩擦角；

c——黏聚力；

Θ——极偏角。

(2)坝体混凝土塑性模拟

坝体以及置换混凝土的塑性以损伤塑性模型进行模拟，该模型的屈服判断条件为：

$$F=\frac{1}{1-\alpha}(\bar{q}-3\alpha\bar{p})+\beta\langle\bar{\sigma}_{max}\rangle-\gamma\langle-\bar{\sigma}_{max}\rangle=0 \tag{5-49}$$

$$\alpha=\frac{(\sigma_{b0}/\sigma_{c0})-1}{2(\sigma_{b0}/\sigma_{c0})-1} \tag{5-50}$$

$$\beta=\frac{\bar{\sigma}_c}{\bar{\sigma}_t}(1-\alpha)-(1+\alpha) \tag{5-51}$$

$$\gamma=\frac{3(1-K_c)}{2K_c-1} \tag{5-52}$$

式中 $\bar{\sigma}_{max}$——最大有效主应力；

σ_{b0}/σ_{c0}——双轴抗压强度和单轴抗压强度之比；

K_c——屈服面形状控制参数；

$\bar{\sigma}_c$——有效抗压强度；

$\bar{\sigma}_t$——有效抗拉强度。

(3)大坝横缝模拟

大坝横缝采用接触单元模拟。横缝灌浆前，接触单元能够传递压力和剪力，无抗拉能力；横缝灌浆后，接触单元能够承受压力和剪力，并且具备一定的抗拉强度。

3.大坝分块浇筑施工的模拟

大坝混凝土施工是分块浇筑完成的，有限元计算中采用分块浇筑模拟与一次性施工模拟对大坝施工期应力有较大影响，因此结构计算要考虑大坝的分层施工。有限元计算中，大坝分块浇筑采用生死单元技术实现。对于坝体混凝土单元，有限元计算过程中其单元刚度矩阵可表示为以下形式：

$$[K]^e=\iiint[B]^T[D][B]\mathrm{d}V^e \tag{5-53}$$

大坝施工的有限元模拟计算过程中，在坝块浇筑施工前，可将相应浇筑块单元视为"空气"单元，即将上述单元刚度矩阵以及作用于单元的全部荷载乘以一个小数(一般取$\times10^{-8}$)，则单元刚度矩阵中的数值大大减小，作用于单元的荷载也大大减小，其实质就是将单元材料转化为空气类物质，使得该单元对结构变形几乎没有影响；当坝块浇筑时，将相应坝块的单元刚度矩阵还原，作用于单元的荷载也还原，则该部分单元重新对结构变形产生影响，以此达到模拟坝块浇筑施工的目的。

大坝浇筑过程中，横缝的模拟也采用类似方法，即封拱灌浆前将横缝抗拉强度设为小值,而封拱灌浆后则设为真实抗拉强度。

5.4.2.2 大坝快速结构分析工具打造

1.大坝快速结构分析流程

大坝运行期快速结构分析立足于“运行”和“快速”两个关键词开展。所谓立足“运行”,即考虑大坝计算分析时刻实际环境条件、实际力学参数、实际外荷载条件、实际结构特性等因素,进行真实工作性态下的大坝结构分析;所谓立足“快速”,即实现整个分析过程的快速,在不改变其他条件的情况下,实现参数、荷载、结构模型等参数的快速修改和快速计算,并实现分析成果的快速整理和可视化展示。当然,此处所说的快速并不是简化计算模型或简化计算条件前提下的快速,而是从模型的处理、计算条件处理以及计算结果的处理等几方面着手,定制标准化的计算过程,在充分考虑大坝真实工作条件的情况下,实现大坝结构的准确快速计算。

根据上述指导思想,大坝结构快速分析的基本流程可分为三大模块:其一为计算条件前处理模块,其二为快速有限元计算模块,其三为三维可视化后处理模块。大坝快速结构分析的基本流程如图 5.4.2-1 所示。

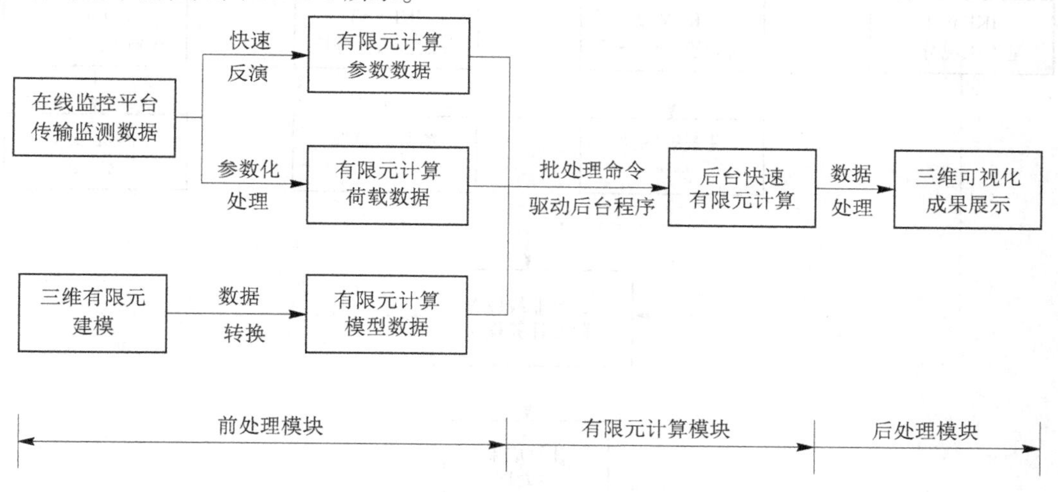

图 5.4.2-1 大坝快速结构分析的基本流程

大坝快速结构分析前处理模块的功能主要是完成整个分析的前期准备工作,包括三维有限元模型的数据准备、计算荷载数据准备、材料参数数据的初始化以及计算控制参数的初始化,以供后续计算调用。

快速有限元计算模块是整个分析的核心部分,其功能是通过调用三维非线性有限元计算程序完成有限元计算功能。

三维可视化后处理模块主要完成计算成果的提取,并以定制的方式处理计算结果数据,实现成果的三维可视化展示。

2.大坝快速结构分析工具的框架设计

根据大坝快速结构分析流程,设计大坝快速结构分析工具的主体框架。快速结构分析工具打造的目的是通过在线“一键调用”简单地完成想要实现的大坝结构计算功能,以便得到大坝实时结构性态,因此需要将整个分析过程进行串联。根据相关功能的要求,将整个大坝快速结构分析的框架设计为图 5.4.2-2 的架构形式，通过“一键调用”启动分析功能后，分析主程序将调用不同功能的程序模块以完成相应任务，实现整个输入、计算和输出功能。

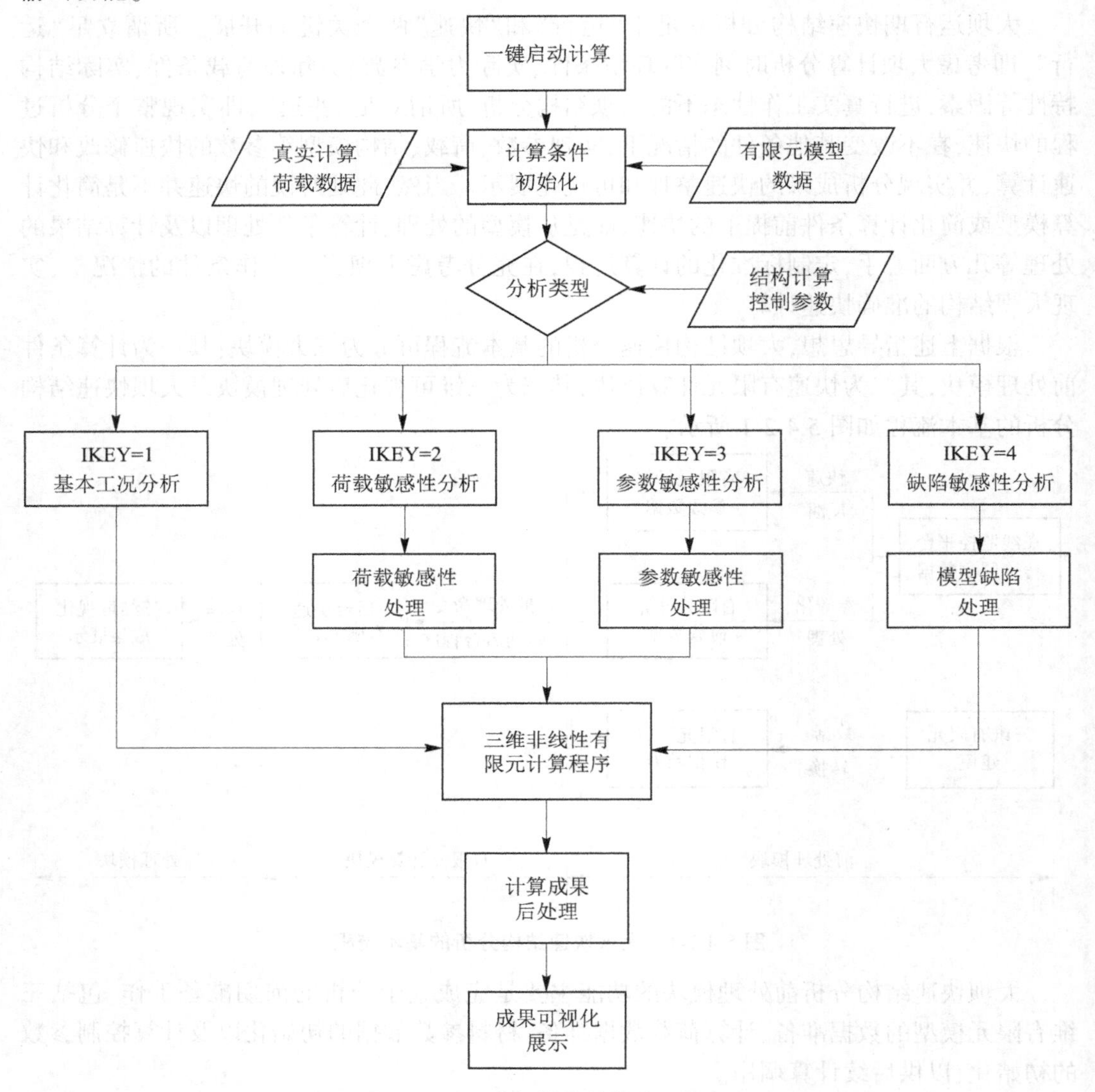

图 5.4.2-2　大坝快速结构分析框架

根据以上分析框架，大坝快速计算分析主要包括以下具体步骤：

(1)当快速计算功能通过“一键调用”被启动后，计算模型数据、材料力学参数数据、计算荷载数据以及计算控制参数数据首先被初始化。其中，三维有限元建模在计算之前已完成，并通过数据转换程序转化为计算程序识别的格式以供调用；由于计算力学参数在较短时间内变化不大，因此无须在每次分析时都进行参数反演，而只需事先进行一次反演，并将真实力学参数保存为分析程序识别的格式即可；计算荷载则需要反映大坝实时工作性态，在分析中调用实时荷载并初始化为大坝结构分析程序识别的格式；计算控制参数指明了所需进行的结构分析类型，由计算开始前通过选择确定。

（2）初始化步骤完成后，进入分析控制选项。根据大坝结构分析的相关需求，程序设置了 1 个基本分析工况和 3 个敏感性分析工况，其中基本分析工况用于分析大坝实时工作性态，而 3 个敏感性分析工况的设置是在基本分析工况的基础上进行进一步分析，分析类型通过程序传入的控制参数（IKEY）来控制。

（3）当程序进入基本计算工况时，对计算的初始数据不做任何处理；当程序进入荷载敏感性计算工况时，针对水荷载敏感性（水位升降）和温度荷载（温度变化稳态分析以及温度骤升骤降的瞬态分析）的敏感性分析，程序自动完成对计算荷载文件的修改；当程序进入材料参数敏感性计算工况时，针对坝体混凝土以及坝基岩体力学参数的提高和降低，程序自动完成材料参数的变化定义；当程序进入缺陷敏感性分析工况时，针对坝体出现的裂缝，程序根据预先指定的裂缝位置自动完成模型裂缝的快速自动建模过程，并修改有限元模型数据文件。

（4）根据传入的模型数据、材料力学参数数据、计算荷载数据，后台调用有限元计算程序对大坝结构进行计算分析。

（5）计算完成后，输出整体坐标下计算得到的变形和应力分量，调用后处理程序对计算结果进行插值和坐标变换处理，得到坝面变形、坝面应力、拱向应力、拱端推力等计算结果，并借助后处理软件进行三维可视化展示。

3.大坝快速结构分析工具的打造

从设计的大坝结构分析框架看，计算工具主要完成的功能包括数据的获取和处理、三维有限元计算以及各功能模块的串联。其中，数据处理需要根据特定要求编制程序完成，三维有限元计算需要调用有限元程序完成，而各功能模块的串联需要考虑不同程序之间的调用问题。

对于数据处理，本次研究拟选用数值计算较为常用的 FORTRAN 程序编制相关可执行程序来完成，本次研究需要处理的数据包括有限元计算输入数据以及计算输出数据的坐标变化及其他相关处理。

根据相关软件的特点，对于不同功能模块程序的串联，拟采用批处理命令进行统一调用。

（1）“一键调用”功能的实现

计算工具采用批处理命令联系各功能模块，因此“一键调用”主要包括批处理命令对计算程序的调用以及 FORTRAN 可执行程序的调用。此外，批处理文件中还能以 dos 命令实现文件的复制、删除、移动、重命名等操作，因此批处理文件起到了“桥梁”的作用，可串联起不同功能的程序模块。

软件的计算命令文件能够通过批处理命令被调用，并后台启动计算模块进行有限元计算，该方式计算效率较高，能充分利用计算机资源。

FORTRAN 的相关数据处理程序也可以通过批处理命令进行调用。首先，将 FORTRAN 程序编译为可执行程序（ *.exe），可执行程序在批处理命令中可通过简单的调用命令“START+可执行程序文件名”执行程序的内容，因此在整个计算工具中数据处理程序的调用可方便地完成。

通过上述两个批处理命令，即可将有限元计算过程和前后处理中的数据处理过程进行串联,实现整个计算的“一键调用”。在此情况下,在设置相关参数的基础上,只要触发相关的批处理命令,程序即可自动完成整个有限元计算和数据处理功能,并输出计算成果。

(2)计算的命令流实现

为实现“一键操作”功能,完成大坝结构有限元计算的整个过程通过软件的命令流文件控制,包括模型和材料的定义、约束和荷载的施加、大坝施工和蓄水的模拟、运行期水位变化以及结构变化的模拟、输出选项的控制等。

软件中,内置命令在命令流文件中均以“ * ”为起始,数据行则紧跟内置命令出现,以“ * * ”为起始的是注释行。本次大坝快速结构分析主要使用的相关命令及说明见表5.4.2-1。

表 5.4.2-1　大坝快速结构分析主要使用的相关命令及说明

编号	命令	说明
1	* HEADING	用于定义分析的名称
2	* INCLUDE	用于输入文本文件,包括模型文件、材料文件、荷载文件等
3	* NODE/ * NSET	定义节点及节点组件
4	* ELEMENT/ * ELSET	定义单元及单元组件
5	* SURFACE	定义几何表面
6	* MATERIAL	定义材料模型
7	* SOLID SECTION	定义单元截面信息
8	* INITIAL CONDITIONS	定义初始条件,包括初始地应力、初始温度等
9	* BOUNDARY	定义边界条件,包括位移边界、温度边界、水头边界等
10	* STEP/ * ENDSTEP	定义一个分析步
11	* GEOSTATIC/ * STATIC	地应力平衡分析和静力分析
12	* COUPLED TEMPERATURE-DISPLACEMENT	进行应力-温度耦合分析
13	* DLOAD/ * DSLOAD	定义体积荷载和表面荷载
14	* MODEL CHANGE, ADD/REMOVE	生死单元技术,用于开挖和浇筑等
15	* NODE OUTPUT/ * ELEMENT OUTPUT	定义节点和单元的输出成果
16	* NODE PRINT/ * ELEMENT PRINT	定义节点和单元输出到 dat 文件的变量

通过命令流文件进行结构分析控制,其命令文件需严格遵循软件的规则,否则计算将

出现错误或不能进行分析。

根据以上相关功能的命令模块，针对大坝结构分析的具体过程，可编制用于大坝快速结构分析的命令，并通过批处理命令调用，即可实现大坝有限元结构分析过程的后台调用。

(3)输入输出数据的处理

大坝结构计算的输入数据包括有限元模型数据、材料计算参数数据、计算荷载数据。计算结果输出数据包括节点位移和应力、单元应力，这些数据在计算模型的整体坐标系下输出，而大坝往往关心的是上下游坝面、拱冠梁以及不同高程拱圈的变形应力计算结果，因此还需对上述结果进行相关处理。

利用三维有限元方法进行大坝结构分析，有限元建模是占用整个分析时间份额最大的部分。事实上，大坝运行期的结构性态以及坝基地质情况一般不发生改变，因此往往只要在计算前根据现有运行状态建立模型，则一直可供后续有限元计算调用，因此该步骤一般只进行一次即可。本次研究借用第三方软件进行三维有限元建模，有限元模型建立后，利用模型数据转换程序，将有限元模型转换为相应的数据文件格式以供后期计算调用。在后续分析中，一旦结构性态有所改变(如坝体出现缺陷)，则可通过直接改变数据文件达到模型修改的目的。

为了保证分析结果的可靠性，大坝结构分析所用的材料力学参数以及外荷载条件必须是大坝真实运行条件的显现。在快速分析工具中，首先，从大坝在线监控平台的数据库中调用运行期荷载数据(包括上下游水位、坝体温度测值、坝基扬压力测值等数据)；其次，利用开发的大坝参数快速反演工具反演得到大坝真实力学参数；最后，编制参数转换程序，将上述计算荷载数据快速转换为大坝结构计算程序能够识别的数据格式，以供计算调用。在后续计算中，根据监控平台传输的数据，通过外部程序可实现计算荷载的快速更新。

大坝有限元计算求解完成后，程序自动输出节点和单元结果至数据文件，计算结果通过外部程序读出即可进行处理。有限元计算直接输出的计算结果数据包括节点位移和应力、单元应力、应变等效应量，但这些计算结果的输出均是模型整体坐标下的量值，如位移在整体坐标下的分量分别为横河向、顺河向、竖直向，而大坝往往需要关心径向和切向位移；如应力在整体坐标下输出分量包括横河向、顺河向、竖直向应力，而大坝往往需要关心拱向应力及坝面主应力等。为实现计算结果的三维可视化展示，根据整体坐标下有限元计算得到的位移和应力数据：首先，结合大坝网格信息，编制后处理程序，对位移数据按矢量的坐标变化规则转换到相应局部坐标系，对应力应变数据按二阶张量的坐标变化规则转换到相应的局部坐标系；其次，根据展示要求，编制程序或借助相关后处理软件，对坝面、剖面、整体的变形、应力、拱端推力等进行相应计算并实现三维可视化展示。

$$v_{m'} = \beta_{m'i} v_i \tag{5-54}$$

$$\alpha_{m'n'} = \beta_{m'i} \beta_{n'j} \alpha_{ij} \tag{5-55}$$

式中　$v_{m'}$——新坐标系中矢量；

v_i——旧坐标系中矢量；

$\alpha_{m'n'}$——新坐标系中二阶张量；

α_{ij}——旧坐标系中二阶张量；

$\beta_{m'i}$、$\beta_{n'j}$——新坐标系的变换矩阵。

5.4.2.3 大坝快速结构分析关键技术研究

1.快速结构分析关键技术

大坝快速结构分析的目的是根据大坝真实运行条件进行实时分析,快速给出大坝结构性态的相关结果,作为大坝运行管理和专家决策的辅助手段。本次研究大坝结构快速结构计算采用三维非线性有限元程序完成,然而,对于大模型的三维有限元求解计算往往需要花费较长时间,需要采取相应的措施缩短计算时间。

采用有限元法对大坝进行结构分析时,每次分析均需模拟坝基初始地应力,大坝分块浇筑、分期封拱以及分期蓄水,然后施加运行期荷载进行结构计算。尽管快速分析工具实现大坝的上述结构分析过程可通过"一键调用"功能完成,无须过多的人为干预,但当大坝模型规模较大时(需要精确模拟大坝结构和地质情况),进行上述整个求解过程(特别是高度非线性计算)将耗费大量的时间,尤其是施工阶段的计算耗时将达到整个计算耗时的90%以上。如此一来,进行一次计算即需要花费几个小时甚至更多的时间,无法达到实时快速地为专家决策提供依据的目的,因此需要寻求缩短计算时间的方法。

从整个计算过程看,大坝结构分析可以选择一个共同的初始状态(计算参考基点)作为计算出发点,即仅仅考虑运行期荷载的变化,而以大坝浇筑、分期封拱灌浆和分期蓄水完成这个共同起点作为计算基点。在上述情况下,对于施工前的繁冗计算只需进行一次,将大坝施工蓄水完成时的计算结果数据库作为运行期不同荷载下大坝结构性态分析的初始状态。上述方法的具体实施过程是:首先,模拟坝址区山体初始地应力,形成坝基的初始地应力场;在此基础上,模拟大坝的分块浇筑和分期封拱蓄水过程,并存储大坝施工完成时的应力场;接着,每当需要进行运行期大坝结构性态分析时,将上述存储的施工和蓄水完成时的应力场导入作为大坝结构分析的初始应力场,在此基础上施加运行期荷载增量进行结构分析。上述方法能够大大节省计算时间和计算资源,从而大大提升大坝运行期结构分析的效率。

为了应对不同的计算目的,可建立两套有限元计算模型,其中一套模型的网格数量相对较少,对于细部结构的模拟较为粗糙,该模型的计算结果主要是为快速决策提供计算依据。另一套模型的网格数量则相对较多,对于细部结构的模拟也较为精细,该模型的计算主要是为详细了解大坝结构性态提供计算结果。设置上述两套计算模型后,不同情况下可选择不同的计算模型以满足不同的计算目的。

2.快速敏感性分析关键技术

(1)材料计算参数的敏感性分析

大坝结构快速分析计算中,往往需要对大坝和坝基岩体的力学参数进行敏感性分析,以模拟大坝在未来可能出现的不利情况,如坝体混凝土老化、坝基岩体遇水软化等情况。

大坝快速结构分析工具中,坝体混凝土及岩体计算参数的使用通过计算主文件调用材料参数文件实现,因此材料参数敏感性分析只需通过修改材料参数文件中的相关数据段即可实现。具体做法是:根据材料参数数据文件的格式开发敏感性分析程序段来处理材料参数文件，一旦大坝快速结构分析工具触发材料参数敏感性分析功能，即可根据输入的敏感性控制参数对数据进行修改，并以新的数据文件作为计算参数数据。

(2)水荷载(淤沙荷载)的敏感性分析

大坝快速结构分析中，水荷载的敏感性分析是重要的模拟工况，该计算包括对高水位情况下大坝结构性态的分析以及大坝运行性态的预测。

大坝快速结构分析工具中，荷载也是通过相应的荷载数据文件形式出现，计算中由主程序调用荷载文件实现，因此水荷载的敏感性分析与材料敏感性分析情况类似，只需修改与计算荷载相关的文件。

具体做法是：首先编制敏感性控制参数输入窗口，一旦水荷载敏感性分析功能被触发，即要求输入敏感性控制参数(如水位上升 2.0 m)，编制数据处理程序，根据传入的控制参数对与水荷载相关的字段进行改写，并以新的水荷载参数文件作为新的荷载计算文件。此外，由于淤沙荷载与水荷载在数据文件中的字段相似，因此该方法也可用于淤沙荷载的敏感性分析。

(3)温度荷载的敏感性分析

大坝快速结构分析过程中，坝体温度荷载是通过布置在大坝坝体的温度计实测值插值得到节点温度，并以此作为计算的温度荷载。大坝实际运行过程中，温度荷载的改变并非像计算参数以及荷载那样可用具体的变化量来衡量，温度的变化具有高度非线性的特点。例如：当环境温度出现骤降情况时，坝体表面与空气接触的部分混凝土温度快速下降，但离表面较远的区域以及坝前水面以下位置的温度却并未发生变化，因此温度计的测值往往无法反映坝体表面温度的骤然变化。由以上分析可知，温度荷载的敏感性分析涉及热传导问题，即外界温度变化情况下的瞬态热分析问题。

大坝快速结构分析工具中，拟增加温度-应力耦合分析以实现温度荷载的敏感性分析。首先，编制敏感性控制参数输入窗口，输入参数包括温度变化值以及变化时间两个参数；其次，以基本工况计算结束的状态作为起始条件，以现时刻的实测温度场作为温度场计算的初始条件，以输入的敏感性控制参数(气温变化量及变化周期)作为计算参数进行瞬态温度-应力的耦合分析，即可实现温度荷载的敏感性分析。

需要指出的是，以这种方法进行温度荷载的敏感性分析，如果向前计算的时段足够短，则计算得到的温度场和应力场具有较高的可信度，而如果向前计算的时段较长，则可信度下降。因此，为了预测计算得到较为精确的温度场和应力场，可在不同时段以实测温度场出发，每次向前预测小段时间，从而保证计算的可靠性。

3.缺陷快速建模关键技术

大坝运行过程中，随着荷载的长期作用以及材料性质的劣化，可能导致大坝混凝土出现宏观缺陷，宏观缺陷的存在将影响大坝整体工作性态，因此需要对缺陷进行模拟分析。大坝缺陷按模拟方式分类，主要有两类：其一是混凝土老化、局部破坏等作用导致混凝土局部区域出现缺陷，表现为局部成片区域内混凝土的劣化；其二是在外荷载长期作用和混凝土弱化作用下，导致局部区域开裂，表现为坝体宏观裂缝的出现。

对于第一类缺陷，模拟相对简单，可归结为混凝土参数的弱化，该类缺陷的模拟方法与材料计算参数敏感性分析方法相同，具体缺陷部位材料参数的确定可通过回弹仪、声波检测或钻孔试验等方法得到。对于第二类缺陷,即裂缝,本研究中开发了裂缝自动建模程序,采用快速接触单元建模的方法实现裂缝的模拟。

裂缝单元(接触单元)的快速建模一方面需要定位裂缝位置,另一方面需要搜索裂缝面,并打断原有限元模型。开发裂缝建模程序进行裂缝建模的过程具体如下:

(1)裂缝定位

根据大坝实际裂缝所在位置,选取相应位置有限元网格的节点作为裂缝建模位置(该方法要求网格尺寸足够小以满足裂缝模拟精度),在有特殊需求的情况下则需重新剖分有限元网格以满足特殊要求。

(2)单元识别及模型分离

根据裂缝所在位置,编制程序根据单元与裂缝的相对位置关系搜索裂缝两侧的单元,将每侧单元编号作为一个组,并在裂缝所在节点位置将原连续模型打断,并更新原有限元模型数据信息。

(3)单元面号识别

编制子程序,根据软件中对于三维等参单元面号的编号规则,搜索位于裂缝侧单元面的面编号,并以单元面组成完整的几何面。

(4)裂缝建模

根据之前生成的几何面,以软件规定的格式建成小滑动接触面模型以模拟裂缝行为,并定义裂缝相关参数。

以上裂缝建模过程中,除裂缝位置的定位需要人工完成外,其他过程均由外部程序自动完成,因此能够实现裂缝的快速自动建模。

以上裂缝快速建模过程中,最为关键的步骤就是通过裂缝所在位置节点号以及根据单元面号(判断哪一面为裂缝面)的命名规则构建接触面单元。在软件中,三维实体单元中节点按逆时针规律排列,而单元 6 个面的面号则是根据节点排列顺序唯一确定,因此单元面号的识别可由程序完成,即根据相应单元面上的节点组成即可唯一确定位于裂缝侧的单元面。八节点六面体等参单元面号及节点排列规则如图 5.4.2-3 所示。

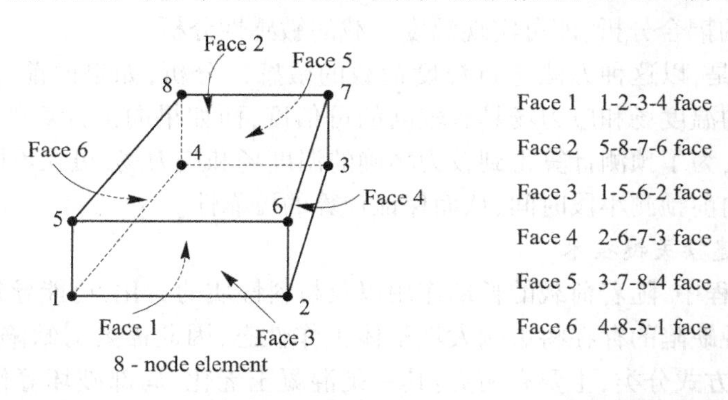

图 5.4.2-3 八节点六面体等参单元面号及节点排列规则

以大坝裂缝建模为例,根据上述方法,裂缝建模过程解析如图 5.4.2-4 所示。

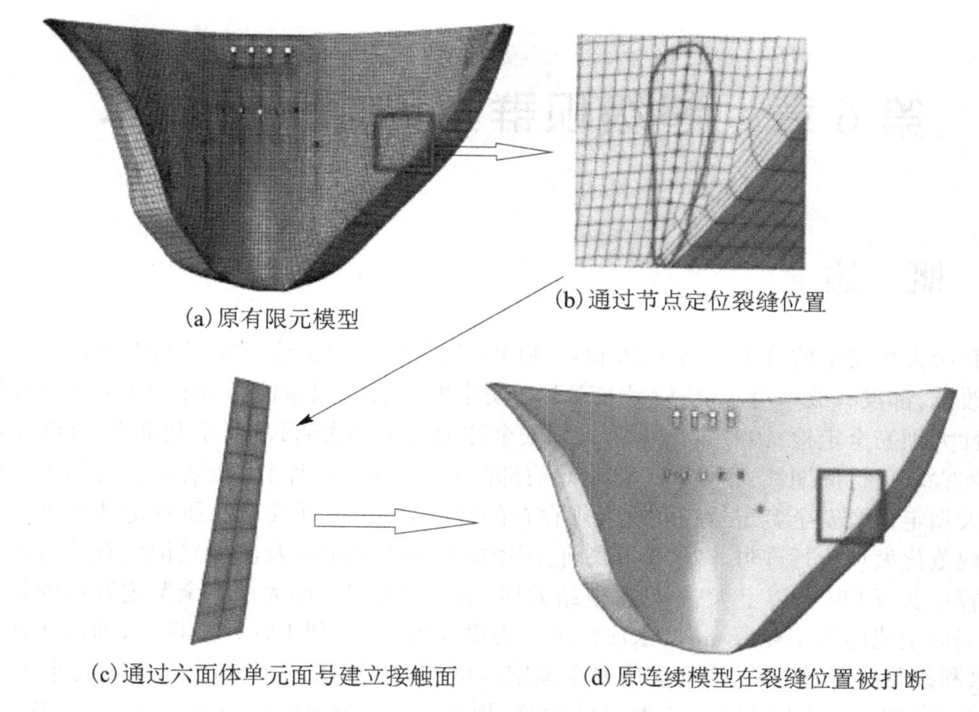

图 5.4.2-4　大坝裂缝建模过程解析

5.4.3　结构化和非结构化模型技术融合

结构化和非结构化模型技术相融合,即从结构化模型和非结构化模型两个角度,相互对比验证,更加准确在线评判大坝安全运行状态。系统对 1 万多点建立了模型,通过与未使用监控模型技术的评判结果相对比,预测值和实测值的复相关系数明显提高,数据异常误报率从原来的 40%降低至 10%,解决了监测数据异常误报率较高的难题。

第 6 章　超级坝群集约化监督技术

6.1　概　述

我国大坝安全监管工作始于 20 世纪 80 年代,多年来,无论是政府机构改革还是电力体制改革,都没有放松对水电站(水库)大坝安全的监管。国家能源局自 1987 年起开展周期性大坝安全定检,1997 年起实行大坝安全注册登记动态管理制,水利部自 2003 年起对水库大坝进行周期性安全鉴定,都是政府部门对水电站(水库)大坝实施监管的重要措施。大坝定检及安全鉴定旨在发现大坝存在的缺陷隐患,大坝安全注册登记动态管理制旨在规范化大坝运行许可。2020 年底前,国家能源局大坝定检及注册登记检查针对的是装机容量 5 万 kW 及以上大、中型水电站大坝,水行政部门水库大坝安全鉴定针对的是坝高15 m以上或库容 100 万 m^3 的水库大坝。为贯彻落实"水利工程补短板、水利行业强监管"水利改革发展总基调,全面实施安全鉴定制度,2021 年初,水利部发布了坝高小于 15 m 的小(2)型水库大坝安全鉴定办法(试行),规范了对小型水库大坝的安全鉴定工作。

从近几年国内外的多起溃坝案例来看,发生溃坝的往往是小水电大坝,事后总结原因分析结果表明,因工程质量导致的溃坝问题较为突出,水库运行管理不当也是溃坝事件的重要诱因。我国小水电大坝数量庞大、运行时间较长,单靠政府部门逐一组织完成安全鉴定排查隐患风险的时间周期将会很长,因此需要勇于承担企业社会责任,研究并建立一套适用于企业自身大坝安全监督管理的评价方法,实现政企联合监管模式下大坝安全管理全覆盖,明确企业监督管理的责任和内容,动态发现大坝安全管理工作中存在的问题,准确评价运行单位大坝安全管理工作,提升大坝安全健康运行水平。

2021 年 9 月 1 日施行的《中华人民共和国安全生产法》第二十一条要求:生产经营单位的主要负责人需组织建立并落实安全风险分级管控和隐患排查治理双重预防工作机制,督促、检查本单位的安全生产工作,及时消除生产安全事故隐患;第四十一条要求:生产经营单位应当建立健全并落实生产安全事故隐患排查治理制度,采取技术、管理措施,及时发现并消除事故隐患。这表明,风险分级管控与隐患排查治理双重预防机制将长期开展下去,而且必须认真、规范、科学地开展下去,这将是企业管控风险、消除隐患、保证安全生产的重要手段。

风险和隐患是辩证统一、相辅相成的,甚至在一定条件下风险就会转化为隐患,而事故的发生必然是风险失控的结果。当风险部分失控就构成隐患,当风险完全失控就可能导致事故,所以风险的充分识别和管控是隐患排查治理成功的必备条件和基础工作,是提高隐患治理彻底有效的根本前提。将企业的安全风险进行分级管控,将隐患进行排查治理就是建立双重预防机制,从而有效遏制重特大事故的发生。构建双重预防机制不仅是法律层面的要求,也是国内外安全管理的优秀经验总结,能够更好地推进事故预防工作精准有效开展，帮助企业进行风险控制，完成隐患排查与治理，提高企业本质安全水平，促进企业健康发展。

某企业集团在坝群安全管理方面总结多年管理实践经验，深入开展风险分级管控与隐患排查治理的双重预防机制建设，研究并建立了一套适用于企业自身大坝安全监管全覆盖的检查方法及监管体系，通过辨识大坝安全管理过程中的隐患点对大坝安全隐患管理方法进行研究；结合指标赋值方法和指标融合建模方法建立大坝安全风险评价体系，以大坝结构安全、大坝运行管理和外部风险为核心，构建评价顶层框架，设计科学合理的评价指标；通过风险管控职责范围的确定、风险分级管控及 PDCA 管理循环等方式，制定风险管控方案。应用双重预防机制解决以往安全管理方面存在的粗放化、形式化、格式化和静态化“短板”，构建起大坝安全管理防线。

6.2　大坝安全监督管理现状

6.2.1　政府监管大坝安全监督管理评价机制

水利部、国家能源局针对不同等级水电站(水库)大坝的运行安全，制定了周期性大坝安全鉴定、定检的动态管理评价机制，是政府部门对水电站(水库)大坝实施监督管理的重要措施。某企业集团各级单位严格按照相关法规、制度要求，落实大坝安全管理责任。

6.2.1.1　水利部大坝安全监督管理评价

1.鉴定范围

某企业集团在水行政主管部门备案的境内运行水电站(水库)大坝。

2.鉴定工作方式

水行政主管部门制定并实施鉴定工作计划，委托鉴定承担单位进行大坝安全评价工作，组织专家进行现场安全检查，审查大坝安全评价报告，通过大坝安全鉴定报告书。在此过程中，某企业集团大坝中心派员参加，大坝管理主体责任单位配合开展。

3.鉴定内容

按照《水库大坝安全鉴定办法》(水建管〔2003〕271 号)，鉴定范围包括：永久性挡水建筑物，以及与其配合运用的泄洪、输水和过船等建筑物；现场安全检查包括查阅工程勘察设计、施工与运行资料，对大坝外观状况、结构安全情况、运行管理条件等进行全面检查和评估，并提出大坝安全评价工作的重点和建议，编制大坝现场安全检查报告；大坝安全评价包括工程质量评价、大坝运行管理评价、防洪标准复核、大坝结构安全评价、稳定评价、渗流安全评价、抗震安全复核、金属结构安全评价和大坝安全综合评价等。

4.鉴定周期

首次安全鉴定在竣工验收后 5 年内进行，以后应每隔 6～10 年进行一次。运行中遭遇特大洪水、强烈地震、工程发生重大事故或出现影响安全的异常现象后，应组织专门的安全鉴定。

5.鉴定结论

根据大坝安全状况分为一类坝、二类坝、三类坝。

6.2.1.2 能源局大坝安全监督管理评价

1.定检范围

某企业集团在国家能源局大坝安全监察中心注册登记的境内运行水电站(水库)大坝。

2.定检工作方式

国家能源局大坝安全监察中心制定并实施定检工作规划和年度计划,组织大坝定检专家组进行大坝定检,对大坝的结构性态和安全状况进行综合分析,提出大坝定检报告。某企业集团大坝中心派员参加,大坝管理主体责任单位配合开展。

3.定检内容

按照《水电站大坝安全定期检查监督管理办法》(国能安全〔2015〕140 号),定检范围包括:挡水建筑物、泄水及消能建筑物、输水及通航建筑物的挡水结构,近坝库岸及工程边坡,上述建筑物与结构的闸门及启闭机、安全监测设施等。定检主要内容包括:地质复查、大坝的防洪能力复核、结构复核或者试验研究、水力学问题复核或试验研究、渗流复核、施工质量复查、泄洪闸门和启闭设备检测和复核、大坝安全监测系统鉴定和评价、大坝安全监测资料分析、结构老化检测和评价、需要专项检查和研究的其他问题。

4.定检周期

首次定检在竣工安全鉴定完成 5 年期满前 1 年内进行,以后每隔 3~10 年进行一次。

5.定检结论

根据大坝安全状况分为正常坝、病坝和险坝三级。

6.定检工作开展情况

截至 2021 年底,某企业集团在国家能源局大坝安全监察中心登记注册的 59 座大坝共经历了 5 轮 127 次大坝安全定检,共提出问题 242 项,对全面掌握这部分高坝大库的大坝安全性态、管理状况和存在问题发挥了重要作用。

6.2.2 企业大坝安全监督管理重点工作研究

影响水电站(水库)大坝安全的因素是多方面的,这些因素贯穿于设计、施工、运行管理的全过程。因此,大坝从规划立项、设计、施工直至竣工运行,各个环节都对大坝的安全有重要影响。水电站(水库)大坝投入运行后,其大坝安全管理工作由水电站(水库)大坝运行单位负责,按照《水库大坝安全管理条例》《水电站大坝运行安全管理规定》有关要求,企业有依法自律做好大坝安全管理的责任。

从某企业集团近些年大坝安全管理工作开展情况来看,应当至少做好以下几项重点工作:

(1)建立健全安全生产责任制。企业主要负责人是本企业安全生产的第一责任人,对本企业的安全生产负全面责任。由于安全生产工作涉及日常生产管理的方方面面,只有明确安全生产责任制,才能形成完善有效的安全管理体系,为安全生产创造良好的安全环境,也是保证人员配备、保证安全生产资金投入的前提。

（2）做好防汛工作。从国内外水电站（水库）大坝失事原因分析看，洪水是导致大坝失事的重要原因。某企业集团每年汛前组织召开集团大坝安全防汛工作部署会，组织抽调专业人员进行各单位防汛工作大检查，各大坝运行管理单位编制年度水库调洪调度方案，组织防汛预案进行防汛演习，严格按要求落实防汛责任制，确保了大坝安全度汛。

（3）切实加强水电站（水库）大坝安全检查工作。水电站（水库）大坝失事虽是突发事件，但在发生质变的过程中，坝体的运行性态会表现出量变的过程。加强大坝安全检查，可以在大坝运行性态发生恶化的过程中发现异常，及时采取防范措施。各大坝运行管理单位在日常工作中建立检查制度，按规定开展日常巡查和年度详查工作，同时积极配合政府监管单位做好定期检查和特种检查，以此保证水电站（水库）大坝的运行安全。

（4）加强大坝安全监测。通过观测资料分析，可以掌握大坝重点部位变形、渗流等实际变化情况，亦可反馈、验证设计的合理性、准确性。目前，某企业集团所属高坝大库均采用不同技术手段建立了大坝安全自动化监测系统，但很大一部分小水电大坝无有效的监测手段，需要大坝运行管理单位引起重视，加强提升大坝安全管理水平。

（5）不断加强人员培训。大坝安全管理工作做得好不好，与大坝管理人员的素质和责任心密切相关。大坝运行管理单位应根据工作需要，配置称职的专业人员，并定期进行安全法规、技能等全方位的培训。

（6）编制大坝险情应急处理预案，并配置应急处置所必需的设备和设施。大坝险情应急处理预案是大坝安全管理的重要环节，是大坝万一失事时能够积极应对施救、减少人员和财产损失的重要保障。因此，各大坝运行管理单位必须针对自身管理大坝的特点，研究大坝可能的失事模式，编制、完善、更新应急处理预案，并经常进行演练。

6.3　大坝安全监督管理工作质量评价

综上所述，大坝安全监督管理工作内容涉及大坝设计、施工、运行和管理全生命周期，大坝安全鉴定、定检就是对大坝自身工程本质安全和运行管理工作的一次“体检”，针对“体检”内容，企业自身如何实时掌握大坝运行性态，如何应用技术手段有效评价大坝运行管理单位大坝安全监督管理工作开展的质量，以评价促提升，以提升保安全，是值得研究考虑的问题。

6.3.1　评价内容

按照政府监管各类制度要求，将某企业集团所涉及的大坝安全管理工作内容分为 10 大类，分别是：政府监管、大坝登记、在线监测、安全监控、定检巡查、日常巡查、隐患管理、防洪度汛、应急支持、信息化，继而对 10 类业务进行细化，确定其主要事项并进行结构化统计和分析评价，以此作为对大坝运行管理单位在大坝安全管理工作方面的评价依据。

6.3.2 评价方式

评价方式主要分为以下四种情况：

(1)动态评价。主要是针对日常在线监测、安全监控和巡视检查等的评价，统计信息每天都会不同。

(2)流程节点评价。主要针对定检巡查等有流程节点的业务进行对标评价，统计信息可能在一段时间内保持不变，也有可能本年度无流程。

(3)固定时间节点评价。主要针对大坝登记、隐患管理等年度或汛期工作的评价，在固定的时间点对上一年度进行评价。

(4)人工评价。对部分仅有非结构化信息的事项进行人工评价。

6.3.3 评价指标

根据某企业集团各层级单位大坝安全管理工作职责，按照以上描述的10大业务分类内容，结合大坝安全管理人员对该企业集团超级坝群大坝安全集约化监控和监督管理平台的使用情况，制定了大坝安全监督管理评价指标(见表6.3.3-1)。

表6.3.3-1 某企业集团大坝安全监督管理评价指标

业务模块	指标	取值说明	单位	计算方法
政府监管(国家能源局)	监管事项数	整数	次	所辖大坝监管事项数之和：定检次数+注册次数+新增监管事项次数
	年度详查报告提交情况	百分率	%	已提交数/应提交数
	登记自查报告提交情况	百分率	%	已提交数/应提交数
	年度报表提交情况	百分率	%	已提交数/应提交数
	汛情报送率	百分率	%	各个大坝报送率平均数=$\sum$(已报送次数/应报送次数)/n
	汛情迟报率	百分率	%	各个大坝迟报率平均数=$\sum$(迟报次数/已报送次数)/n
政府监管(非国家能源局)	监管事项数	整数	次	所辖大坝新增监管事项数之和
大坝登记	更新登记资料次数	整数	次	所辖大坝在选定时间内提交登记资料的次数

续表 6.3.3-1

业务模块	指标	取值说明	单位	计算方法
在线监测	缺测率	百分率	%	选定时段内所辖各个大坝缺测率的平均数
	有效率	百分率	%	选定时段内所辖各个大坝有效率的平均数
	及时率	百分率	%	选定时段内所辖各个大坝及时率的平均数
	平均无故障时间	—	—	平均无故障工作时间是可修复设备在相邻两次故障之间工作时间的平均值,用MTBF表示,它相当于设备的工作时间与这段时间内设备故障数之比
	监测系统可靠性	—	—	大坝登记中填写
	监测系统完整性	—	—	大坝登记中填写
安全监控	监控率	是/否	—	选定时段内评判次数大于0的大坝数量/总的大坝数量
	评判次数	整数	次	选定时段内所辖大坝评判总次数
	正常次数	整数	次	选定时段内所辖大坝评判正常次数
	数据异常次数	整数	次	选定时段内所辖大坝评判数据异常次数
	一般异常次数	整数	次	选定时段内所辖大坝评判总次数
	严重异常次数	整数	次	选定时段内所辖大坝评判总次数
定检巡查	定检次数	整数	次	所辖大坝在选定时间内收到定检启动通知的次数
	巡查次数	整数	次	所辖大坝在选定时间内收到巡查启动通知的次数
日常巡检	完成检查次数	整数	次	选定时段内所辖大坝完成检查总次数
	完成率	百分率	%	各个大坝完成率的平均值 = $\sum$(完成检查次数/计划检查次数)/n
	逾期次数	整数	次	选定时段内所辖大坝未按计划时间完成的任务总数
	逾期率	百分率	%	选定时段内所辖大坝逾期率的平均数 = $\sum$(逾期次数/完成检查次数)/n
	质量指数	百分率	%	选定时段内所辖大坝质量指数的平均数 = $\sum$(审核退回次数/完成检查次数)/n

续表 6.3.3-1

业务模块	指标	取值说明	单位	计算方法
隐患管理	新增隐患数	整数	项	选定时段内状态变更为已确认的隐患总数
	消除隐患数	整数	项	选定时段内状态变更为已消除的隐患总数
	处理逾期次数	整数	次	选定时段内逾期处理的隐患总数
	整改逾期率	百分率	%	选定时段内隐患整改逾期率
	整改完成率	百分率	%	选定时段内隐患整改完成率
防洪度汛	值班人次	整数	人次	选定时段内值班人次总数
	无人值班率	整数	日	各个大坝无人值班率的平均值 = Σ(选定时段内无人值班天数/应值班天数)/n
	值班日志提交次数	整数	次	选定时段内值班日志提交总次数
	值班日志完成率	百分率	%	各个大坝日志完成率的平均值 = Σ(提交总次数/应提交次数)/n
	更新率	整数	次	更新过防汛资料的大坝数/所辖大坝总数
	汛前检查完成率	完成/未完成	—	提交汛前检查报告的大坝数/所辖大坝总数
	汛后检查完成率	完成/未完成	—	提交汛后检查报告的大坝数/所辖大坝总数
	汛期超汛限水位运行次数	整数	次	选定时段内超汛限运行次数
	汛期遭遇洪水次数	整数	次	选定时段内遭遇洪水次数
	报送次数	整数	次	选定时段内水雨情报送次数
	日报	整数	次	选定时段内防汛日报提交次数
	周报	整数	次	选定时段内防汛周报提交次数
	月报	整数	次	选定时段内防汛月报提交次数
	简报	整数	次	选定时段内防汛简报提交次数
	填报次数	整数	次	选定时段内水雨情登记次数
	超汛限最大值	—	—	选定时段内超汛限最大值

续表 6.3.3-1

业务模块	指标	取值说明	单位	计算方法
应急支持	应急文件资料更新次数	整数	次	选定时段内所辖大坝应急预案、资源提交的总次数
	应急演练次数	整数	次	选定时段内所辖大坝完成应急演练的次数
	应急事件次数	整数	次	选定时段内所辖大坝发生应急事件的次数,本单位报告的+其他单位报告的且确认有影响的
	应急报告次数	整数	次	选定时间内所辖大坝在应急模块提交报告的次数(简报+专项检查报告+总结报告)
信息化	用户总数	整数	人	本单位的用户总数
	用户登录次数	整数	次	本单位的用户登录总次数
	任务处理率	百分率	%	本单位的用户在选定时间内的任务处理比例
	接收任务总数	整数	项	本单位的用户在选定时间内收到的任务总数
	发布信息总数	整数	条	本单位的用户在选定时间内在信息共享模块发布的信息总数(编写文本+上传文件)

6.4　小水电站大坝安全监督管理评价方法

从近几年国内外的多起溃坝案例来看,发生溃坝的往往都是小水电站大坝。某企业集团所属小水电站大坝存在数量多,大坝安全管理基础薄弱,大坝安全监测、防汛等业务开展不健全等问题,无法通过表 6.3.3-1 的内容对大坝运行管理单位的大坝安全管理工作质量进行有效性评价,以致在掌握小水电站大坝的运行性态方面存在困难。虽然 2021 年初水利部发布了坝高小于 15 m 的小(2)型水库大坝安全鉴定办法(试行),规范了对小型水库大坝的安全鉴定工作,但我国小型水库大坝数量庞大、运行时间较长,单靠政府部门逐一组织完成安全鉴定的时间周期将会很长,安全隐患风险较大。

如前所述,某企业集团境内运行水电站(水库)大坝 140 座,分布在 15 个省(区)。其中:非国家能源局监管的小水电站大坝占 56%,这些大坝绝大多数为收购项目,基础薄弱,项目的原资产单位对大坝安全管理不重视,项目报批、设计、施工、运行等方面管理不规范,资料缺失较多;大坝未经过安全鉴定和枢纽工程竣工验收,对枢纽工程的设计、施工情况和工程质量未进行系统、全面的评价;运行管理单位的大坝安全意识普遍不高,缺乏专业人员,管理针对性不强;项目多、分布广、路途远、地域偏,安全监管不到位。

针对上述大坝安全管理现状、管理特点及难点,某企业集团以严格落实政府部门监督管理工作要求为基础,研究在大坝安全监督管理中的重点工作内容,提出工作质量评价指标;以未在国家能源局大坝中心登记注册的小水电站大坝为重点目标,研究大坝运行管理单位技术力量相对较弱的小水电站大坝的安全特征,在建立工作标准及支持体系、确定检查范围及检查工作方式、制定检查内容及检查标准、检查工作开展情况以及所取得的工作成效等6个方面进行了企业内部集约化监督管理评价方法研究。实现大坝安全监督管理全覆盖，为全方位监控、分析、评估大坝的安全性状，提升大坝管理水平提供了强有力的抓手。

6.4.1 发布企业标准及形成支持体系

为规范、有序、高效地做好小水电站大坝定检巡查、监测工作，大坝中心根据《国家电力投资集团公司水电站(水库)大坝安全管理办法》《国家电力投资集团公司小水电站(水库)大坝安全定期检查管理办法(试行)》《国家电力投资集团有限公司水电站(水库)大坝安全巡查办法(试行)》的相关规定，编制了以风险防范、隐患排查治理、存在问题整改、促进规范化管理为主要任务的首轮定检巡查工作规划及年度计划并实施。建立了某企业集团大坝安全管理专家库以及专家评价体系和动态管理机制，编制了适用于4级及以下、最大坝高30 m以下坝的《小水电大坝安全监测工作指南》(待发布)，为规范开展定检巡查和大坝安全监测工作、提高大坝安全监督管理工作质量奠定了基础。

6.4.2 确定检查范围及检查方式

6.4.2.1 检查范围

1.定检范围

某企业集团满足以下条件之一的发电装机容量小于50 MW且未在国家能源局大坝中心注册的境内运行小水电大坝：

(1)最大坝高15 m及以上；

(2)总库容100万m^3及以上；

(3)失事后可能会造成较大损失或造成较大社会影响。

2.巡查范围

某企业集团所属境内所有运行水电站(水库)大坝，境外大坝参照执行。

6.4.2.2 检查方式

定检巡查是大坝安全管理的重要环节，也是预防和控制安全风险的主要手段，大坝中心按照定检巡查工作规划和年度计划，编制定检巡查策划，及时组织技术力量实施定检巡查、提交检查成果。定检组织途径分为两种：一是由大坝中心直接组织专家组开展大坝定检，二、三级单位配合；二是委托二级单位按照有关规定和要求组织专家组开展大坝定检，大坝中心派员参加。巡查工作由大坝中心直接组织开展。

6.4.3 制定检查内容及检查标准

小水电站大坝定检的检查内容和检查标准主要参照《水电站大坝运行安全评价导则》(DL/T 5313—2014)、《水库大坝安全评价导则》(SL 258—2017)来制定，大坝巡查的检查内容和检查标准主要参照《水电站大坝安全注册登记管理实绩考核评价标准》(坝监安监〔2015〕83号)来制定，同时结合某企业集团小水电站大坝的工程特点及管理实际进行补充调整，从而保证检查内容的科学完整，检查标准的统一实用。

6.4.3.1　定检主要内容

定检以工程安全性核查为主,主要核查:

(1)设计标准符合性;

(2)防洪安全性;

(3)抗震安全性;

(4)坝基结构安全性;

(5)坝体结构安全性;

(6)泄水建筑物安全性;

(7)金属结构设备安全性;

(8)大坝安全监测;

(9)大坝安全运行管理检查;

(10)水库大坝失事对下游的影响。

6.4.3.2　巡查主要内容

巡查以大坝运行管理为主,结合现场水工建筑物运行状况进行检查。主要检查:

(1)工程项目的合法性及工程验收;

(2)大坝安全管理制度建设与执行情况;

(3)大坝安全管理机构设置、人员配置及业务能力;

(4)工程防汛及应急管理;

(5)大坝安全监测设施、监测资料及分析;

(6)大坝日常巡查及运行维护情况;

(7)大坝安全隐患排查与治理情况;

(8)大坝安全资料档案管理;

(9)历次检查提出的问题和建议的整改落实情况。

6.4.4　检查开展情况

某企业集团从 2017 年底开始对未在国家能源局大坝安全监察中心登记注册的小水电站大坝开展大坝安全定检和巡查工作,在该企业集团各涉坝单位的大力支持与积极配合下,克服新冠疫情带来的影响,至 2021 年底,全面完成了上百座大坝全覆盖检查的目标任务,共提出大坝安全问题 700 余项,全面掌握了该企业集团小水电站大坝安全性态、管理状况和存在问题。

6.4.5　取得的成效

通过三年定检巡查的开展,已基本形成了适合某企业集团特点的大坝安全监管全覆盖检查方法和监管体系,充分发挥了创新管理模式下,大坝中心专业化优势和技术支撑作用,强化了涉坝单位对小水电站大坝的安全管理主体责任意识,促进了大坝安全管理工作的规范化、标准化,大坝安全管理水平日益提升,为确保小水电站大坝安全运行发挥了重要作用,保障了该企业集团小水电站大坝安全运行性态健康平稳,大坝安全风险可控在控。

6.5 大坝安全隐患管理方法

6.5.1 大坝安全问题跟踪闭环管理

6.5.1.1 某企业集团大坝安全管理体系建立

某企业集团境内在运水电站(水库)大坝140座,分布在全国15个省(区)。归口国家能源局大坝中心监管的水电站大坝59座(其中注册大坝58座,备案大坝1座),未在国家能源局注册登记的小水电站(水库)大坝81座。经过水利部门安全鉴定的大坝有30座。同时,这些小水电站大坝绝大多数为收购项目,工程资质薄弱,项目的原资产单位对大坝安全管理不重视,项目在报批、设计、施工、运行等方面管理不规范、资料缺失较多;部分大坝未经过安全鉴定和枢纽工程竣工验收,对枢纽工程的设计、施工情况和工程质量未进行系统、全面的评价;大坝运行管理单位的安全意识普遍不高,缺乏专业人员,管理针对性不强。

针对项目多、分布广、路途远、地域偏等大坝安全管理现状、管理特点及难点,某企业集团以大坝管理信息化和小水电站大坝定检为抓手,对管辖的140座大坝的安全进行全覆盖监督和监控,以未在国家能源局大坝中心登记注册的小水电站大坝为重点,监督、监控、分析并评估大坝的安全性状、汛期大坝运行情况、大坝管理情况、大坝安全隐患处理等,并为某企业集团加强大坝安全管理提供技术支持。

形成了某企业集团以监督指导和考核来抓总、大坝中心以技术监督和服务来支撑、二级单位以健全体系和机制来抓区域流域、三级单位以落实主体责任来抓现场的大坝安全管理体系。

6.5.1.2 大坝安全监督检查全覆盖方案研究

某企业集团大坝中心对非能源局监管的小水电站(水库)大坝实行定期检查或巡查制度,对能源局监管的大中型大坝实行巡查制度。某企业集团组织的定期检查,实质是企业内部的监督性检查,按照高标准、严要求的原则,借鉴国家能源局大坝安全监察中心的定期检查和水利部门的大坝安全鉴定工作经验,对非国家能源局监管的小水电站大坝开展深度的定期检查。工作内容包括:依据国家和行业规程规范,复核大坝设计设防标准,复核大坝和泄水、引水、通航等建筑物以及金属结构的安全性,检查大坝安全监测状况和大坝安全运行管理情况,提出问题和建议。巡视检查涵盖了大、中、小型所有大坝,主要检查大坝安全管理、隐患缺陷整改治理、安全监测和现场情况,并把已知隐患问题的整改作为重要内容,督促闭环。通过制定工作规划和年度计划,开展定检巡查,掌握小水电站(水库)大坝安全运行性态、管理状况和存在问题。

某企业集团还以及时、准确掌握大坝运行性态和风险预控为目标,依托信息系统研究推进监控模型的制定和应用,通过每月对上百份监测资料及成果的对比分析,跟踪监控重点项目及异常指标,及时沟通反馈监控情况。

各单位通过开展春秋季、汛前、汛后、年度详查等专项安全检查,对发现的工程隐患缺陷,采取措施进行治理。

6.5.1.3　大坝安全问题跟踪闭环管理研究

某企业集团高度重视大坝安全隐患排查治理工作,积极指导各单位开展隐患排查,督办重要隐患治理工作,不断促进隐患治理成效。各单位高度重视大坝安全隐患排查治理工作,对检查提出的问题均逐项制定了整改计划和整改措施,对大坝缺陷处理、加固或更新改造,列入技改计划,并优先保证资金和物资,严格按计划组织实施,对不能及时完成整改影响工程安全的问题制定了相应措施和应急预案,严防隐患引发事故,确保大坝运行安全。某企业集团对国家能源局、水行政主管部门和某企业集团定检巡查提出的各类问题进行统计建账,实行分类分级闭环管理,逐月逐项跟踪监督,积极推进隐患治理和问题整改。

6.5.2　问题来源及分类分级原则

6.5.2.1　问题来源

大坝安全问题的来源大致可分为四个方面:

(1)政府检查提出的问题:国家能源局大坝中心监管和水行政主管部门监管提出的问题;

(2)集团大坝中心定检巡查提出的问题;

(3)三级单位其他检查提出的问题;

(4)大坝安全监测信息排查中发现的问题。

6.5.2.2　分类分级原则

本方案将大坝安全问题分为两类:工程类和管理类;根据大坝安全问题的危害程度、整改治理难度及其可能导致的后果和影响范围,共分三级:重大问题、重要问题、一般问题。

1.分类原则

管理类问题的分项原则按照《水电站大坝安全注册登记管理实绩考核评价标准》(坝监安监〔2015〕83 号)确定。工程类问题的分项原则按照《水电站大坝运行安全评价导则》(DL/T 5313—2014)确定。具体分项见图 6.5.2-1~图 6.5.2-4。

2.分级原则

问题分级主要是根据大坝安全问题的危害程度、整改治理难度及其可能导致的后果和影响范围等因素综合确定。本章所指的重大问题是指影响大坝本质安全的,在不利工况下存在溃坝、垮坝风险的问题;重要问题是指影响大坝安全运行的,可能导致发生大坝安全事故的问题;一般问题是指除重大、重要问题外的其他问题。大坝安全问题分级原则见表 6.5.2-1。

6.5.2.3　问题治理跟踪闭环管理

1.重大、重要问题治理跟踪流程

对于重大、重要问题,需进行"整改方案制定—整改方案实施—整改治理验收—消除认定—问题闭环"等流程,治理跟踪流程见图 6.5.2-5。

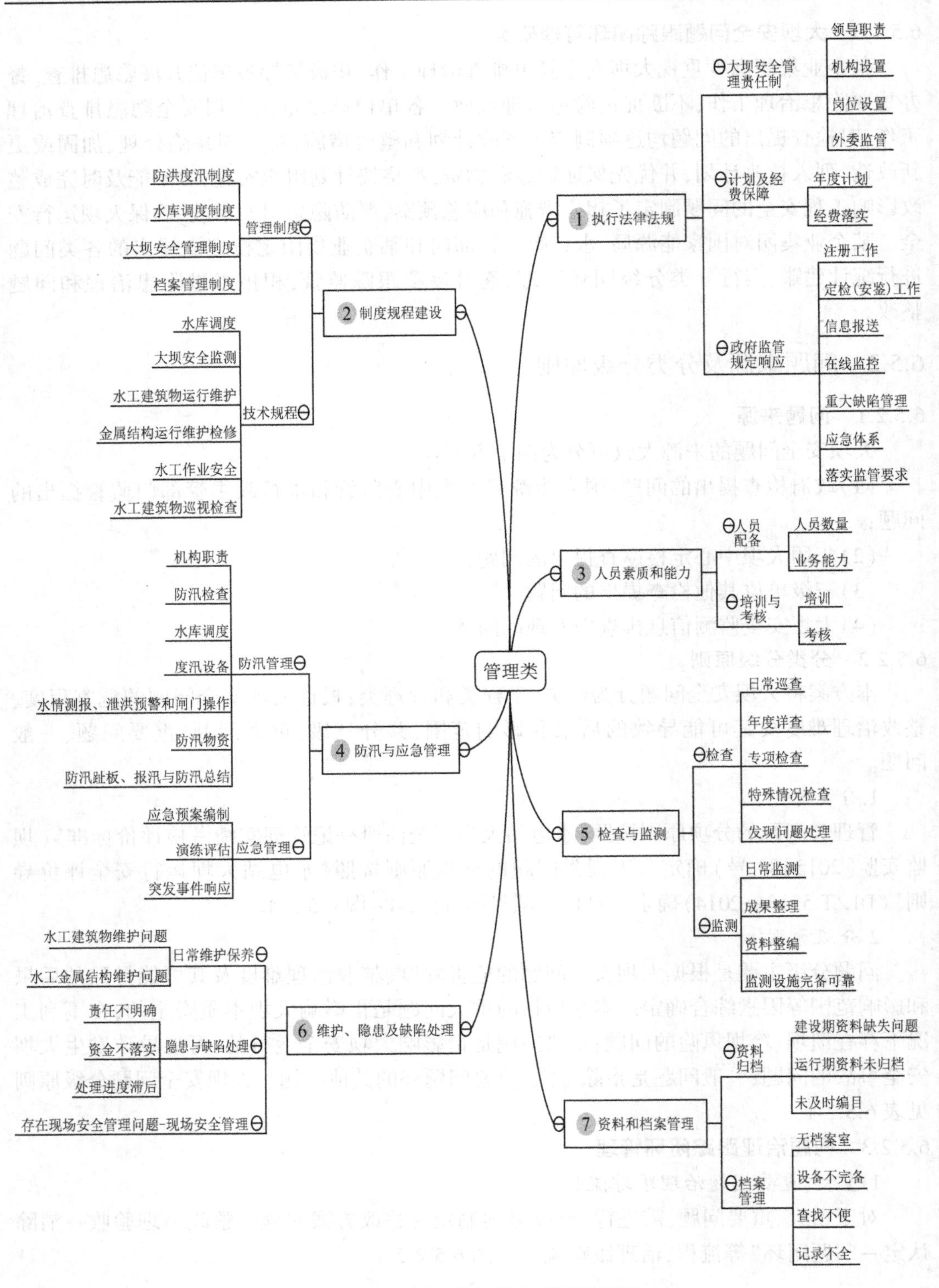

图 6.5.2-1 管理类问题分项思维导图

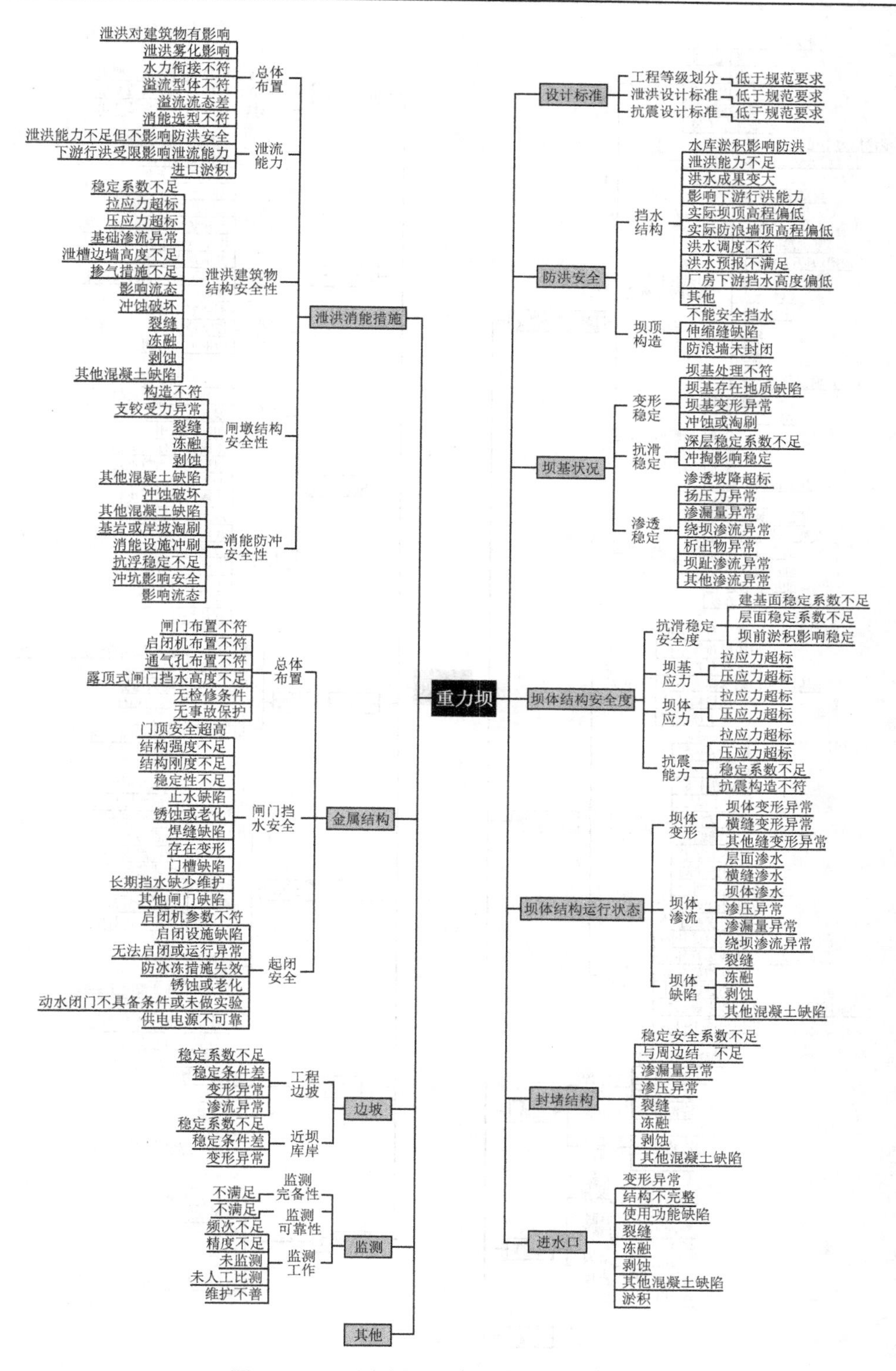

图 6.5.2-2　重力坝工程类问题分项思维导图

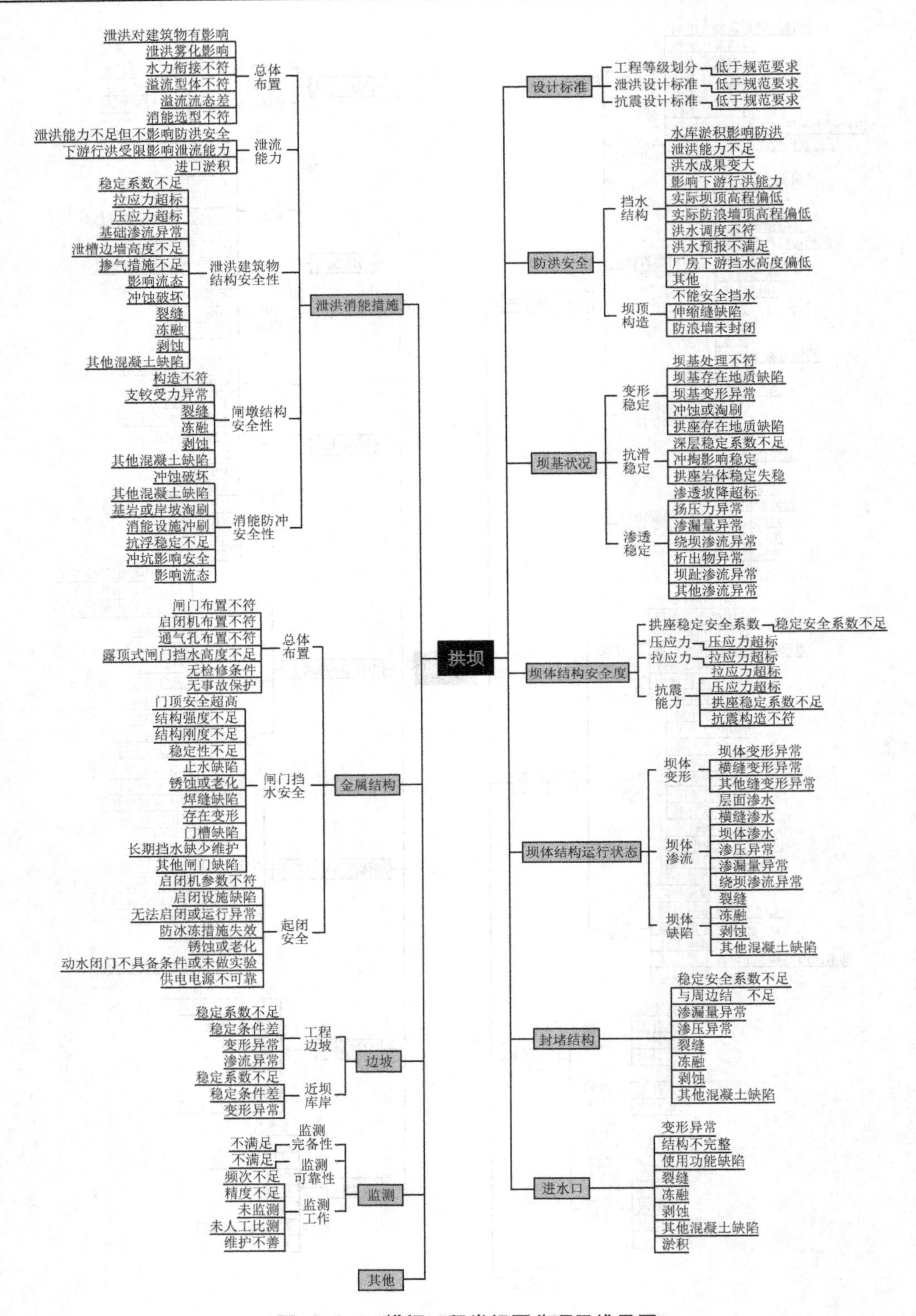

图 6.5.2-3　拱坝工程类问题分项思维导图

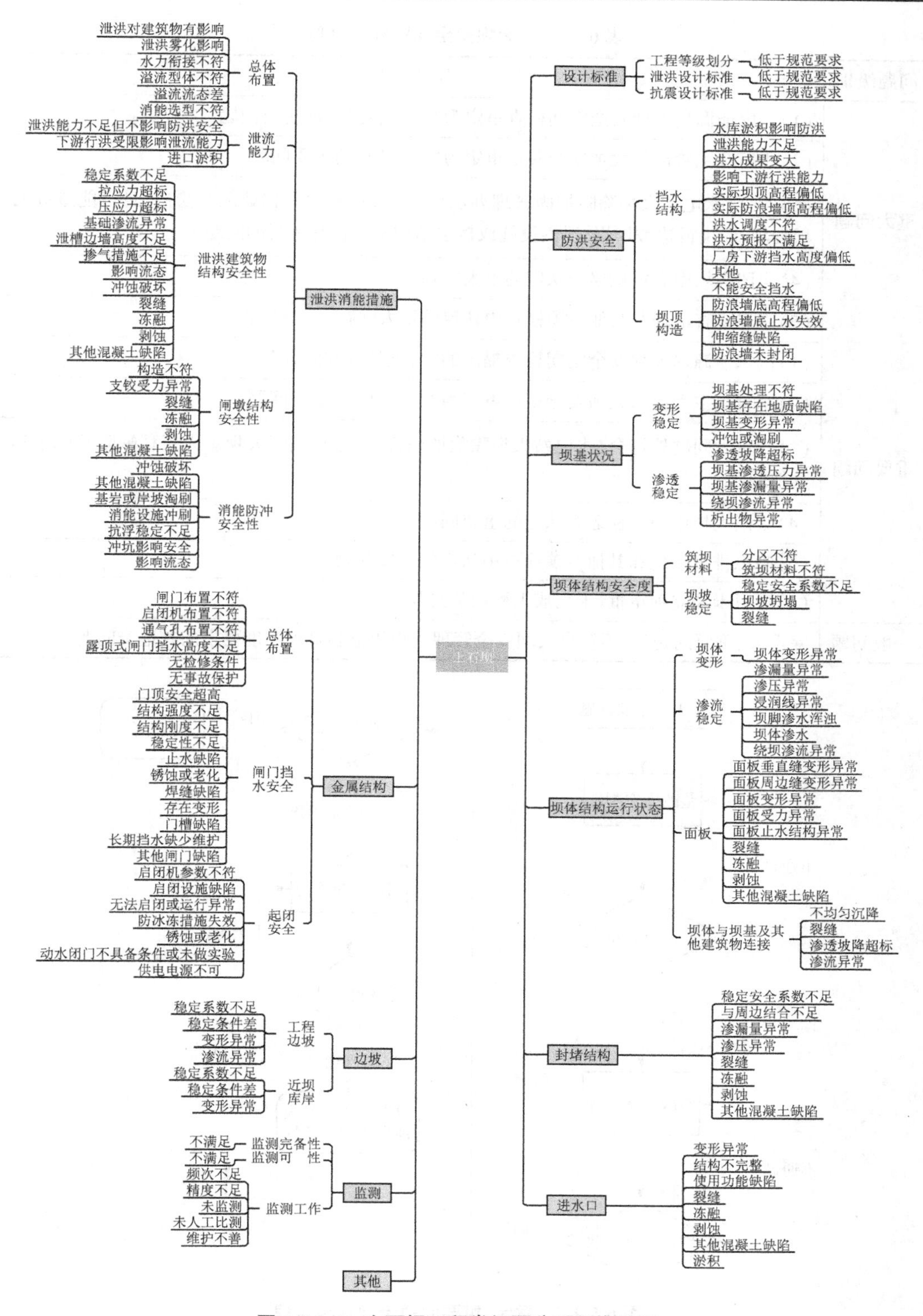

图 6.5.2-4　土石坝工程类问题分项思维导图

表 6.5.2-1 大坝安全问题分级原则

问题级别	分级原则
重大问题	(1)国家能源局大坝安全定期检查审定为“病坝、险坝”的主要问题
	(2)水行政主管部门大坝安全鉴定审定为“三类坝”的主要问题
	(3)符合《水电站大坝除险加固管理办法》关于大坝重大工程缺陷与隐患,且可能造成大坝漫坝、溃决或边坡垮塌、泄洪设施或挡水结构不能正常运行的问题
	(4)集团大坝中心定检巡查认定的重大问题
	(5)隐患排查治理及其他专项检查中认定的重大问题
重要问题	(1)国家能源局大坝安全定期检查提出的“必须处理的问题”
	(2)水行政主管部门大坝安全鉴定审定为“二类坝”的主要问题
	(3)除重大问题外符合《水电站大坝除险加固管理办法》关于大坝重大工程缺陷与隐患的其他问题
	(4)集团大坝中心定检巡查认定的重要问题
	(5)隐患排查治理和其他专项检查中认定的重要问题
	(6)项目未经立项审批、未完成工程竣工验收
一般问题	除重大、重要问题外,不符合大坝安全管理规程规范和管理制度要求的其他类问题

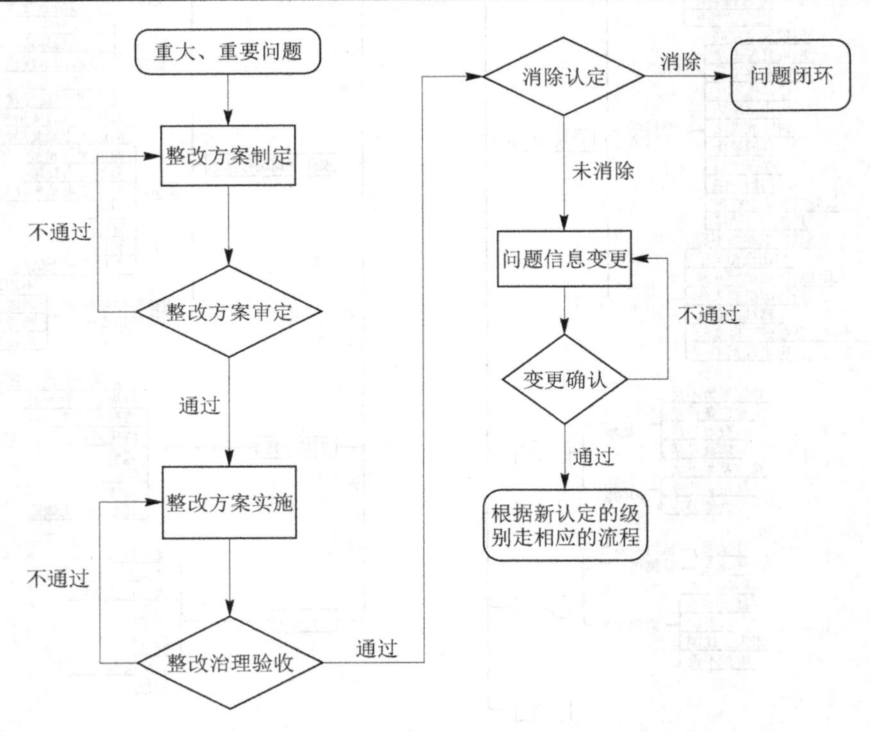

图 6.5.2-5 重大、重要问题治理跟踪流程

2. 一般问题治理跟踪流程

三级单位应对工程类一般问题自行制定消缺方案并完成验收。因此，可按照“录入—消缺治理—消除认定—问题闭环”的简单流程，治理跟踪流程见图 6.5.2-6。

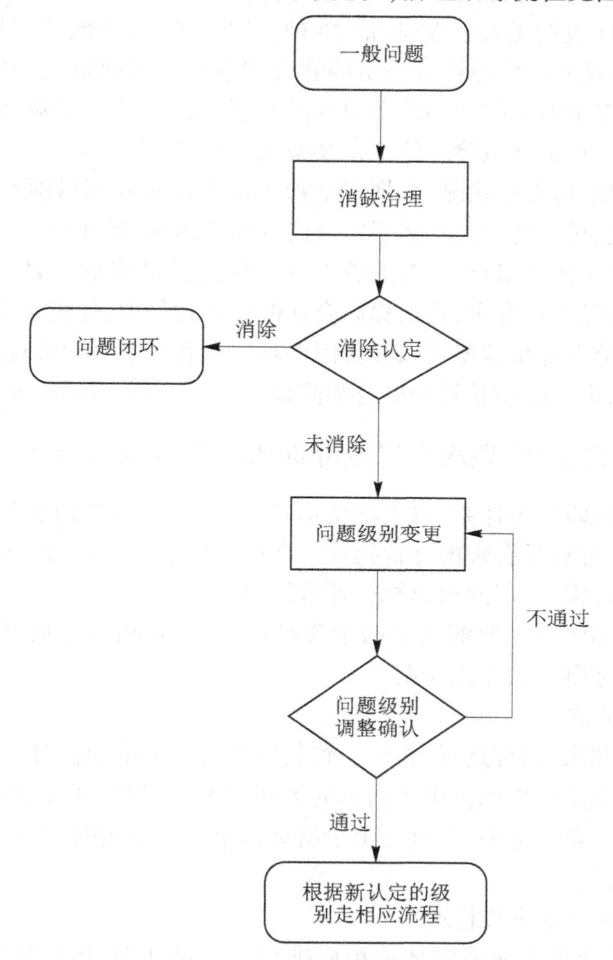

图 6.5.2-6　一般问题的治理跟踪流程

6.6　大坝安全风险动态综合评价关键技术

6.6.1　综述

目前，水利水电行业多采用周期性专家现场检查、评价的监督管理模式，所考量的因素以及评价标准受参与人员的技术水平、个人偏好等因素影响较大，致使评价结果客观性和可比性较低。而集团所属大坝数量多、工程特点不同、运行管理条件各异，不同工程的安全状况、管理问题也各有不同，采用传统模式难以及时对工程进行全面、客观的评价，也难以开展横向、纵向比较，致使监督管理工作重点不突出、效率不高。

大坝发生事故的原因主要包括三个方面：一是结构安全方面。大坝发生事故过程中每一个重要环节的发生都与大坝存在的缺陷隐患密切相关，因此大坝结构存在的缺陷隐患是导致大坝事故的主要原因之一。二是运行管理方面。据我国水库大坝溃坝原因统计分析，由于管理不当（包括无人管理、超蓄、维护运用不当等）造成的溃坝比例约占5.3%。而实际上，在其他溃坝原因中也掺有一定的管理因素。三是面临的外部风险方面。此处的风险是指与大坝安全相关的外部危险源或洪水、降雨、地震等风险事件；此外还存在大坝本身存在缺陷隐患在某类风险事件下持续恶化，最后导致事故。

为此，应将大坝结构安全状况、大坝安全管理水平以及外部风险水平纳入考虑，建立一套标准化、规范化、科学化的大坝运行安全监督评价体系，旨在更加客观、有效地洞察大坝运行问题，使监管工作突出重点、有的放矢，从而强化内部监督管理、落实各项隐患治理和风险管控措施、保障工程安全，进而提高企业的核心竞争力、促进企业的良性发展。

大坝安全风险综合评价技术可以在集团大坝安全管理平台中实现对大坝安全的动态评价，可根据评价结果动态调整管控措施和监督方式，实现风险的精准管控。

6.6.2 结构安全状况、管理水平以及外部风险综合评价方法

建立大坝安全风险评价体系，以大坝结构安全、大坝运行管理和外部风险为核心，构建评价顶层框架，设计科学合理的评价指标。在此基础上，要研究如何利用这些不同性质的指标构建综合评价模型，以此得出综合评价结论。

综合评价技术的研究主要解决了两个关键技术：一是指标如何在同一框架下赋值，二是如何将各个指标融合后建立模型。

6.6.2.1 指标赋值方法

在综合评价问题中，指标选择、指标一致化以及指标无量纲化对于提升综合评价结果的精确度具有十分重要的作用。由于指标的形式具有多样性，需要运用数学方法将指标数值均转化为方向一致的数值型指标；由于指标的单位各不相同，需要运用数理模型对数值进行无量纲化处理。

1.常用指标一致化方法及特点

一般而言，在综合评价前需对评价指标进行一致化处理，指标处理要保持相同趋势化，从而保证指标之间的可对比性。

（1）逆向型指标

逆向型指标也称为“极小型”指标，该指标取值越小越优。

（2）正向型指标

正向型指标也称为“极大型”指标，该指标取值越大越优。将正向型指标属性值 x 转化为逆向型指标，如式(6-1)所示：

$$x^*=M-x \quad 或 \quad x^*=\frac{1}{x} \tag{6-1}$$

式中 M——指标的一个允许上界。

（3）居中型指标

居中型指标也称为“适中型”指标，该指标既不是越大越优，也不是越小越优，而是越

集中越优。若需将居中型指标转换为逆向型指标,首先根据式(6-2)将居中型指标属性值 x 转化为正向型指标,再将正向型指标转化为逆向型指标:

$$x^* = \begin{cases} 2(x-m), & m \leqslant x \leqslant \dfrac{M+m}{2} \\ 2(M-x), & \dfrac{M+m}{2} < x \leqslant M \end{cases} \tag{6-2}$$

式中　M、m——指标 x 的允许上、下界。

(4)区间型指标

区间型指标最优值是在某一区间内,即只要指标数值处于该区间就为最优,由之前的点值最优变为区间最优。若需将区间型指标转换为逆向型指标,首先根据下式将区间型指标属性值 x 转化为正向型指标,再将正向型指标转换为逆向型指标:

$$x^* = \begin{cases} 1-\dfrac{q_1-x}{\max\{q_1-m, M-q_2\}} & x<q_1 \\ 1 & x \in [q_1, q_2] \\ 1-\dfrac{x-q_2}{\max\{q_1-m, M-q_2\}} & x>q_2 \end{cases} \tag{6-3}$$

式中　$[q_1, q_2]$——指标的最佳稳定区间;

M、m——指标 x 的允许上、下界。

2.常用线性无量纲化方法

通常指标的无量纲化,也称为指标的标准化或者规范化。在多指标评价或决策问题研究中,各个评价指标的单位、量纲和数量级的不同会在不同程度上影响评价或决策的结果。为了统一各指标的评判标准,需要对所选指标进行无量纲化处理,将决策矩阵中的评价指标值转化为无量纲、无数量级差异的标准化数据值,再运用相关模型进行科学决策。一般情况下,常用来消除原始指标量纲影响的数学变换方法主要有以下 6 种。

(1)标准化处理法

$$x_{ij}^* = \frac{x_{ij} - \bar{x}_j}{s_j} \tag{6-4}$$

式中　$x_{ij}(i=1,2,\cdots,n;j=1,2,\cdots,m)$——第 i 个被评价单元在第 j 项指标上的观测值;

$\bar{x}_j$、s_j——第 j 项指标观测值的(样本)平均值和标准差。

特点:样本均值为 0,方差为 1;处理后的指标数值区间无法确定,其最大值和最小值不相同;本方法对于指标值恒定($s_j=0$)的情况不适用,对于要求指标值 $x_{ij}^*>0$ 的评价方法也不适用。

(2)极值处理法

$$x_{ij}^* = \frac{x_{ij}-m_j}{M_j-m_j} \tag{6-5}$$

式中,$M_j=\max\{x_{ij}\}$,$m_j=\min\{x_{ij}\}$(下述各式相同)。

特点:$x_{ij}^* \in [0,1]$,最大值为 1,最小值为 0,不适用于指标恒定的情况(分母为 0)。

(3)线性比例法

$$x_{ij}^{*}=\frac{x_{ij}}{x_j'} \tag{6-6}$$

式中 x_j'——一个取定的特殊点，一般可取为 m_j、M_j 或者 $\bar{x}_j$ 等。

特点：要求满足条件 x_j'。当 $x_j'=m_j>0$ 时，$x_{ij}^{*}\in[1,\infty)$，有最小值 1，无固定的最大值；当 $x_j'=M_j>0$ 时，$x_{ij}^{*}\in(0,1]$，有最大值 1，无固定的最小值；当 $x_j'=\bar{x}_j>0$ 时，$x_{ij}^{*}\in(-\infty,+\infty)$，取值范围不固定，$\sum\limits_{i=1}^{n}x_{ij}^{*}=n$。

(4)归一化处理法

$$x_{ij}^{*}=\frac{x_{ij}}{\sum\limits_{i=1}^{n}x_{ij}} \tag{6-7}$$

特点：该方法可以看作线性比例法的一种特殊情况，要求 $\sum\limits_{i=1}^{n}x_{ij}>0$。当 $x_{ij}\geqslant 0$ 时，$x_{ij}^{*}\in[0,1]$，无固定的最大值和最小值，且 $\sum\limits_{i=1}^{n}x_{ij}^{*}=1$。

(5)向量规范法

$$x_{ij}^{*}=\frac{x_{ij}}{\sqrt{\sum\limits_{i=1}^{n}x_{ij}^{2}}} \tag{6-8}$$

特点：当 $x_{ij}^{*}\geqslant 0$ 时，$x_{ij}^{*}\in(0,1)$，无固定的最大值和最小值，$\sum\limits_{i=1}^{n}x_{ij}^{*}=1$。

(6)功效系数法

$$x_{ij}^{*}=c+\frac{x_{ij}-m_j'}{M_j'-m_j'}d \tag{6-9}$$

式中 M_j'、m_j'——指标 x_j 的满意值和不容许值；

c、d——已知常数(根据实际情况直接给定)，c 的作用是对变换后的值进行“平移”，d 的作用是对变换后的值进行“放大”或“缩小”。

特点：可以看作一种普通的极值处理方法，取值范围固定，最大值为 $c+d$，最小值为 c，一般情况下取 $c=60$，$d=40$。

指标赋值一般指的是常用指标一致化方法，因为常用线性无量纲方法是为了统一各指标的评判标准，来对各类评价指标进行无量纲化处理，不同的无量纲化方法适用条件不同，在不同的适用条件下即可采取不同的方法，对综合评价结果几乎没有影响。

在常用指标一致化方法中，正向型指标、逆向型指标、居中型指标及区间型指标各有其优缺点及适用场景。在大坝风险监督评价体系中，评价指标基本集中于逆向型指标与正向型指标，逆向型指标居多且更易于被理解接受，故本评价体系中采用逆向型指标进行综合评价，对于少数正向型指标，对其进行一致化处理，使得指标趋势相同，以此来保证指标间的可对比性。

6.6.2.2 指标融合建模方法

应根据相关规范、专家经验，结合工程实际情况，将评价指标特性划分为若干个可度量的评价等级，并对每个等级加以说明，构造出可以对指标进行评判的结论集，该集合的定义应当做到合理可行且尽量客观。

大坝安全风险监管评价体系由大坝结构安全状况、大坝运行管理水平、外部风险等三方面组成，针对这三方面，分别建立对应的“结论集合”，并设计相应的信息融合方法。

1.大坝结构安全状况

为了便于与水电站大坝安全定期检查和水利部门安全鉴定工作接轨，充分利用已有的大坝安全评价结论，大坝结构安全状况的评语集合采用《水电站大坝运行安全评价导则》（DL/T 5313—2014）中的大坝安全等级综合评价分级标准。

在导则中，每一个分项评价要素都有对应的四级评价标准，记为 a、a−、b、c。所有分项评价意见均为 a 级的，大坝安全综合评定等级为 A 级坝；分项评价意见有 1 个及以上为 a−级，且无 b、c 级的，大坝安全综合评定等级为 A−级坝；分项评价意见有 1 个及以上为 b 级，且无 c 级的，大坝安全综合评定等级为 B 级坝；分项评价意见有 1 个为 c 级的，大坝安全综合评定等级为 C 级坝。其中，A 级和 A−级称为正常坝，B 级称为病坝，C 级称为险坝。可见，对于水电站大坝安全评价，其安全等级的划分采用的是一票否决制。

基于此，构建大坝结构安全状况的“评语集合”为 a、a−、b、c，分别代表正常、存在缺陷、构成病坝及构成险坝，确定其赋值区间见表 6.6.2-1。

表 6.6.2-1　大坝结构安全状况“评语集合”及赋值区间

评语集合	a	a−	b	c
赋值	[0,1]	(1,2]	(2,3]	(3,4]

根据各指标赋值计算大坝结构安全状况指数 D 分别如下所示：

（1）当所有的指标赋值在[0,1]时，$D=\sum W_i j_i$；

（2）当至少有一个指标赋值在（1,2]且所有指标赋值均小于或等于 2 时，$D=\text{Max}[\sum W_i j_i, 1.5+(n-1)\times 0.1]$，$n$ 为基本正常项的指标个数，当 $n>6$ 时，取 $n=6$；

（3）当至少有一个指标赋值在（2,3]且所有指标赋值均小于或等于 3 时，$D=\text{Max}[\sum W_i j_i, 2.5+(m-1)\times 0.1]$，$m$ 为病坝指标个数，当 $m>6$ 时，取 $m=6$；

（4）当至少有一个指标赋值在（3,4]时，$D=\text{Max}(\sum W_i j_i, 4)$，$j_i$ 为指标赋值，W_i 为指标权重。

为简化处理，当指标为正常项时，取 1；当指标为基本正常项时，取 2；当指标为构成病坝的指标项时，取 3；当指标为构成险坝的指标项时，取 4。

2.大坝运行管理水平

（1）国家能源局注册大坝

对于国家能源局注册大坝，根据《水电站大坝安全注册登记监督管理办法》（国能安全〔2015〕146 号）规定：

①大坝安全管理实绩考核评价在 80 分以上的正常坝，安全注册登记等级为甲级；

②大坝安全管理实绩考核评价在 60 分以上、不满 80 分的正常坝，安全注册登记等级为乙级；

③大坝安全管理实绩考核评价在 60 分以下的正常坝,不予注册。

为了便于与国家能源局的注册登记工作接轨,考虑充分利用已有的大坝注册实绩考核结论,大坝运行管理水平取用大坝管理实绩考核评价分数:实绩考核评价在 80 分以上的大坝,得分为 1;实绩考核评价介于 70~80 分的大坝,得分为 2;实绩考核评价介于 60~70 分的大坝,得分为 3,实绩考核评价在 60 分以下的大坝,得分为 4。实绩考核评价分数对应赋值如表 6.6.2-2 所示。

表 6.6.2-2 实绩考核评价分数对应赋值

分数	[80,100]	[70,80)	[60,70)	[0,60)
赋值	1	2	3	4

(2)非国家能源局注册大坝

非国家能源局注册大坝的运行管理指标,根据工作开展情况分为优、良、中、差四等。指标赋值区间与大坝结构安全状况一致,在[0,4]之间,具体见表 6.6.2-3。根据各指标赋值计算大坝运行管理水平指数 G,如下式所示:

$$G = \sum W_i j_i \tag{6-10}$$

式中 j_i——指标赋值;

W_i——指标权重。

表 6.6.2-3 大坝运行管理水平“评语集合”及赋值区间

评语集合	优	良	中	差
赋值	[0,1]	(1,2]	(2,3]	(3,4]

为简化处理,当运行管理各项指标项为“优”时,取 1;存在运行管理水平为“良”的指标项时,取 2;存在运行管理水平为“中”的指标项时,取 3;存在运行管理水平为“差”的指标项时,取 4。

3.外部风险

如前所述,外部风险对象主要包括两类:第一类是自然灾害,如洪水、地震、强降雨、台风、冰凌等;第二类是危险源,如上游水库溃决或非正常泄水,上游失控的网箱、船只、树木等漂浮物撞击坝体,地质灾害等。

(1)第一类风险

对于第一类风险,考虑超过一定标准的自然灾害会引发的大坝安全风险较大,并带有较大的不确定性,故约定当发生自然灾害超过一定标准以上触发“熔断”机制,即不再具体计算各类指数,直接将指数调至最高值,以引起管理人员的重视。触发“熔断”的条件如下:

①洪水超过设计洪水标准;

②日降雨超过大坝所在省(区)最大日降雨量;

③库水位超过闸顶高程(若有)、正常蓄水位、设计洪水位中的最大值;

④遭遇 6 级以上地震。

低于“熔断”条件的第一类风险,按表 6.6.2-4 赋值,赋值区间与大坝结构安全和大坝运行管理水平指标赋值区间一致，在[0,4]之间。

表 6.6.2-4　自然灾害风险赋值标准

序号	自然灾害	赋值标准	赋值
1	洪水	[重现期 5 年，设计洪水标准)	[0,4]之间线性插值
2	高水位运行	[min(正常蓄水位，设计洪水位)，max(闸顶高程(若有)，正常蓄水位，设计洪水位))	[0,4]之间线性插值
3	降雨	[大坝所在省(区)最大日降雨量的 1/4，大坝所在省(区)最大日降雨量)	[0,4]之间线性插值
4	地震	[2.5 级，6 级)	[0,4]之间线性插值

(2)第二类风险

第二类为危险源，主要包括上游水库溃决或非正常泄水、漂浮物撞击坝体、漂浮物堵塞泄洪设施、地质灾害(含堰塞和泥石流)等。需要根据风险评估的结果，确定危险源的风险等级，具体可以采用直接评定、风险矩阵等方法，由高到低依次确定为重大风险、较大风险、一般风险和低风险四个等级。本书中主要采用风险矩阵法对具体风险值进行计算，风险矩阵法的数学表达式为：

$$r = LS \tag{6-11}$$

式中　r——风险值；

L——事故发生的可能性；

S——事故造成危害的严重程度。

可能性级别 L 分级包括几乎不可能、不太可能、可能、很可能、非常可能。风险概率等级划分指标如表 6.6.2-5 所示。

表 6.6.2-5　风险概率等级划分指标

可能性级别	几乎不可能	不太可能	可能	很可能	非常可能
概率等级	1	2	3	4	5
概率取值	$\leqslant 10^{-5}$	$10^{-5} \sim 10^{-4}$	$10^{-4} \sim 10^{-3}$	$10^{-3} \sim 10^{-2}$	$\geqslant 10^{-2}$

事故造成危害的严重程度 S 分类如下：

①轻微后果，不影响大坝正常运行，也未造成社会、环境等影响，但产生很小的经济损失；

②一般后果，影响大坝正常运行，或非正常泄水可能造成一般社会、环境等影响，险情可控的事件，或可能导致一般事故；

③较大后果，严重影响大坝正常运行，或非正常泄水可能造成较大社会、环境等影响，险情基本可控的事件，或可能导致较大事故；

④重大后果，大坝可能或已经漫坝但不会溃坝，或非正常泄水可能造成重大社会、环境等影响的事件，或可能导致重大事故；

⑤特大后果，大坝极大可能溃坝，或即将溃坝，或正在溃坝，或已经溃坝，或非正常泄水可能造成特别重大社会、环境等影响的事件，或可能导致特别重大事故。

综上所述,风险值对应的风险矩阵如表6.6.2-6所示。

表6.6.2-6 风险值对应的风险矩阵

可能性 L	严重程度 S				
	轻微后果(1)	一般后果(2)	较大后果(3)	重大后果(4)	特大后果(5)
几乎不可能(1)	1	2	3	4	5
不太可能(2)	2	4	6	8	10
可能(3)	3	6	9	12	15
很可能(4)	4	8	12	16	20
非常可能(5)	5	10	15	20	25

注:低风险:1~4;一般风险:5~9;较大风险:10~16;重大风险:20~25。

当不存在外部风险时,第二类风险指标评价值取0。当存在外部风险时,根据风险值确定危险源风险等级后,为简化处理,当等级为“低风险”时,取0.5分;当等级为“一般风险”时,取1.5分;当等级为“较大风险”时,取2.5分;当等级为“重大风险”时,取3.5分。

(3)外部风险指数

当同时出现多个外部风险时,外部风险指数 R 通过多个外部风险指标计算得到,其逻辑与结构安全类似,采用一票否决制,R 值主要取决于风险等级最高的风险,如下所示:

①当所有的风险指标赋值 r_i 均在[0,1]时,$R=\mathrm{Min}(\sum r_{i\max},1)$;

②当至少有一个风险指标赋值 r_i 在(1,2]且所有风险指标赋值 r_i 均小于或等于2时,$R=\mathrm{Min}(r_{i\max}+(n-1)\times 0.1,2)$,$n$ 为一般风险项的指标个数;

③当至少有一个风险指标赋值 r_i 在(2,3]且所有风险指标赋值 r_i 均小于或等于3时,$R=\mathrm{Min}(r_{i\max}+(n-1)\times 0.1,3)$,$n$ 为较大风险项的指标个数;

④当至少有一个风险指标赋值 r_i 在(3,4]且所有风险指标赋值 r_i 均小于或等于4时,$R=\mathrm{Min}(r_{i\max}+(n-1)\times 0.1,4)$,$n$ 为重大风险项的指标个数。

4.大坝综合风险指数

大坝综合风险指数的计算结合了大坝结构安全状况、大坝运行管理水平及外部风险三个方面。在根据大坝定期检查资料及其他相关资料,计算出大坝综合风险指数中结构安全状况、大坝运行管理水平及外部风险三个分项的具体得分后,将三类分项结合在一起,计算出大坝综合风险指数最终得分 S。计算如下式所示:

$$S=W_D j_D+W_G j_G+W_R j_R \tag{6-12}$$

式中 W_D——大坝结构安全状况计算权重;

j_D——大坝结构安全状况得分;

W_G——大坝运行管理水平计算权重;

j_G——大坝运行管理水平得分;

W_R——外部风险计算权重;

j_R——外部风险得分。

大坝综合风险指数 S 的区间为[0,4],为直观显示出大坝安全状况,采用千分制表示,将所得 S 得分乘以数值 250。

大坝综合风险指数的范围在 0~1 000 分,其工程意义示例见表 6.6.2-7。

表 6.6.2-7　大坝综合风险指数意义示例

序号	指数范围	程度	工程意义示例
1	750~1 000	高风险	结构安全为病坝或险坝,管理水平为中等或差,且存在重大风险的危险源
2	500~750	较高风险	结构安全为病坝,管理水平为中等,且存在较大风险的危险源
3	250~500	一般风险	结构安全为基本正常坝,管理水平为良好,且存在一般风险的危险源
4	0~250	低风险	结构安全为正常坝,管理水平为优,且存在低风险的危险源

6.7　大坝安全风险分级管控方法

风险评价的目的是研究风险管控措施,制定风险管控方案,通过有效的风险管控,降低风险等级或转移风险。针对大坝安全风险,一般的管控措施有制定或完善运行管理制度,实施风险消除、降级或转移措施,建立或完善风险监视措施,加强风险点的巡视检查,强化风险的跟踪分析等。

6.7.1　风险管控的职责范围

新时代背景下的大坝安全管理是一种以风险管理为核心的现代管理方式,是水库大坝运行管理单位的工作需要,同时也是关系人民生命财产安全与社会和谐稳定的一件大事。这就要求大坝安全风险管控必须朝着更加专业化和精细化的方向发展,将不同责任主体进行风险管控的职责范围划分清楚,落实到具体的工程项目中去,而不是简单满足于风险管理的理论研究。

水库、水闸工程运行管理单位或承担运行管理职责的单位是风险识别、风险分析和风险管控的责任主体。农村集体经济组织所属的小型水库、水闸,其所在地的乡镇人民政府或其有关部门是责任主体(以上统称管理单位)。

风险评估的目的是进行风险管控,管理单位应结合本单位实际情况,将识别出的危险源长期控制在可接受的范围内并进行动态评估,切实保障大坝下游民众的安全。而大坝运行管理单位(业主单位)作为风险管理的主体,应当围绕辖区内管理的大坝,明确自身的职责是保证辖区内不发生大坝溃坝、漫坝及水淹厂房等运行事故,不发生超标准洪水、地质灾害、地震等自然灾害处置不力而造成社会影响大的大坝安全事件,而非考虑溃坝之后带来的种种后果与损失。

对于同一流域上的梯级水库,管理单位应视具体情况进行统筹管理。

(1)若流域上相邻的几座水库大坝分属不同单位,考虑到信息交互过程的不便,各企业仅需保证自己管理的水库稳定运行,将来源于上游水库的洪水等风险视作外部风险进行考虑分析。

(2)若流域上相邻的几座水库同属一个单位,则企业在进行风险管控时需统筹规划,将不同大坝的风险管控整合成一个体系,比如下游水库可以通过信息化手段及时知晓上游大坝的水位、雨情和洪水等信息,从而迅速作出反应,保证大坝的安全。

6.7.2 风险分级管控

大坝管理单位应按风险评估得出的大坝安全风险等级进行分级管控。

对于重大风险,应当认为该风险已转变或即将转变成大坝隐患,宜采取有效的工程措施进行治理,具体由管理单位主要负责人组织管控,上级主管部门重点监督检查。必要时,管理单位应报请上级主管部门并与当地应急管理部门沟通,协调相关单位共同管控。

对于较大风险,应当认为其也有转变成大坝隐患的可能,需由管理单位分管运管或由有关部门的领导组织管控,分管安全部门的领导协助主要负责人监督。

对于一般风险,由管理单位运管或有关部门负责人组织管控,安全管理部门负责人协助其分管领导监督。

对于低风险,由管理单位有关部门或班组自行管控。

6.7.3 PDCA 管理循环

安全管理活动的全部过程,就是管控计划制定以及组织实施的过程。这个过程是按照 PDCA(计划、执行、检查、行动)管理循环,不停息地、周而复始地运转着的(见图 6.7.3-1)。企业生产流程中,产品的质量控制工作起到举足轻重的作用,PDCA 管理循环涵盖了前馈控制、同期控制及反馈控制这三个环节,以滚雪球的方式不断循环前进,上一阶段的终点即为新一轮循环的起点,推动着产品质量日益提高。在该系统中,企业的产品不是简单地按计划生产,而是充分利用反馈机制,及时发现问题,并通过分析原因和采取措施来解决问题,不断前进。

图 6.7.3-1 PDCA 流程

大坝安全风险管控工作的运作,离不开 PDCA 管理循环的运转。管控相关风险,保证水库大坝平稳运行,都要采用 PDCA 管理循环的科学流程。比如:在识别到一个可能影响大坝安全的危险源后,需要制定相关的管控计划,这个计划包括处理后要达到的目标和所要采取的措施。按照计划实施之后,需要对照目标进行检查,采取的措施是否有效,是否达到预期,均要通过执行后的效果进行查验。最后是采取行动,积累成功的经验以制定标准,形成制度;记录未解决的问题,交由下一轮的循环去解决。

6.7.4　大坝风险管控措施

大坝运行管理单位应在各项工作中落实风险管控方案中的各项措施，即日常应对措施、预测预警措施、降低风险的工程措施以及应急应对措施。

6.7.4.1　日常应对措施

大坝运行管理单位应在大坝监测、巡视检查、视频监控、水雨情监测、洪水预报、维护保养等业务工作中落实风险日常应对措施，同时遵从 PDCA 管理循环，适时检查核验管控措施是否落实，是否行之有效。具体措施包括但不限于：

(1)建立大坝安全监测技术档案，定期对大坝变形及渗流渗压情况(包括自动化系统)、近坝区边坡运行情况、泄洪闸门及闸门启闭设备运行情况、供电设施运行情况、防汛道路畅通情况等进行监测检查，及时整理、分析监测数据。

(2)对大坝进行巡视检查、安全评价及定期安全检查，涉及大坝稳定、大坝整体性裂缝等对大坝安全影响较大的重大工程缺陷和隐患，应明确落实除险、加固等治理方案，并将责任落实到人。

(3)定期检查水电站人孔门、压力管道。发现异常应及时处理，制定并落实提机组闸门操作的安全措施。

(4)对水工建筑物风险进行分类建立台账，进行全过程管理。台账应全面记录检查中发现的风险及缺陷情况，内容包括位置(高程、桩号)、发现时间、素描图、性态、发展趋势判定、处理情况、(未处理部位)历次跟踪检查情况、目前状态等，对水工建筑物风险及缺陷进行全过程管理。

(5)对库区库岸地质灾害险情进行巡视检查，加强地质灾害动态监测。

6.7.4.2　预测预警措施

大坝运行单位应全方位、全过程开展风险识别和分析，汛前、汛后及各个季度均是开展有关工作的重要节点，逐步通过信息化手段，利用监测、水雨情数据以及检查结果、视频图像、气象预报、地震快报等对危险源实施在线监控与动态管理，及时掌握危险源的状态及其风险的变化趋势，更新危险源及其风险等级。具体措施包括但不限于：

(1)执行经防汛抗旱指挥机构批准的水库调度方案，合理调度洪水，当库水位达到正常蓄水位及以下时，宜每天 1 次监测检查；当库水位达到正常蓄水位以上时，应实行 24 h 监测和巡视检查。

(2)定期对水情测报系统和洪水预报系统进行维护和处理，避免发生测报预报的延迟性和错误性。

(3)合理调度洪水下泄，通过信息化手段密切关注上下游水位、水雨情数据及可能发生的恶劣天气与自然灾害。

6.7.4.3　降低风险的工程措施

当危险源经风险评估被评定为较大风险或者重大风险时，应当认为该风险已转化为隐患，需立即采取相应的工程措施降低风险等级。治理完成后，大坝运行单位应重新开展风险评估，更新管控措施。如前所述，大坝安全隐患可分为重大工程隐患、重大管理隐患、一般工程隐患和一般管理隐患。

其中,大坝重大工程隐患包括以下类型:

(1)大坝防洪能力严重不足;

(2)大坝整体稳定不足;

(3)存在影响大坝运行安全的坝体贯穿性裂缝;

(4)坝体、坝基、坝肩严重渗漏;

(5)泄洪消能建筑物、泄水孔洞严重损坏或者严重淤堵;

(6)泄水闸门、启闭机无法安全运行或者发生重大险情;

(7)枢纽区、近坝库岸,以及库区存在防治责任的影响大坝运行安全的较大不稳定边坡;

(8)其他导致大坝等级评定为险坝、病坝或对大坝运行安全影响较大的工程问题。

大坝重大管理隐患包括以下类型:

(1)未按规定落实大坝安全管理责任;

(2)大坝安全管理制度严重缺失;

(3)未开展大坝安全评价、管理评价、重大隐患治理等水库大坝安全管理工作;

(4)大坝渗流、变形等重要安全监测设施缺失,未按规定开展大坝安全监测监控工作,影响大坝安全状况评估;

(5)存在违反水库调度原则等法律法规禁止性的行为;

(6)未按规定向政府主管部门办理注册登记和信息报送;

(7)对大坝运行安全影响较大的其他管理问题。

治理完成后,大坝运行单位应重新开展风险评估,更新管控措施。

6.7.4.4 应急应对措施

大坝运行单位应依据风险评估的成果,及时组织编制或修订完善应急预案。

编制应急预案,目的是提高应对水库大坝突发事件的能力,规范突发事件发生时的应急管理和应急响应程序,及时高效地开展应急转移与救援工作,最大程度上减少财产损失和人员伤亡,维护社会稳定。应急预案的编制应贯彻"以人为本、分级负责、预防为主、便于操作、协调一致、动态管理"的原则,其内容主要包括突发事件及其后果分析、应急组织体系、预案运行机制、应急保障等几个部分,一般由水库管理单位委托科研机构或设计单位编制。其中,突发事件及其后果分析部分应综合考虑水库运行单位的管理现状、历史洪水以及下游防洪标准等因素,对可能发生的自然灾害类、事故灾难类及社会安全类突发事件进行模拟,并分析其可能导致的后果;应急组织体系部分包括体系框架、应急指挥机构、专家组以及应急抢险与救援队伍;预案运行机制部分包括预测与预警、不同预警等级的应急响应措施、应急处置、应急结束以及善后处理。

6.8 小 结

本章通过对某企业集团超级坝群大坝安全,特别是对小水电站大坝的安全监督管理方法的研究及应用,最终形成了适合该企业集团特点的大坝安全监管全覆盖检查方法和监管体系,为提升大坝安全管理水平、加强大坝安全管理人员责任意识、掌握大坝运行安全性态提供了直接、有力的“体检工具”。

首次建立了综合大坝结构状况、运行管理和外部因素的坝群安全风险动态评价体系，动态评价不同等级、不同坝型的大坝风险，以此实现风险分级管控和精准管控，满足坝群集约化动态监督管理的需要。针对大坝安全风险动态综合评价关键技术及不同维度评价指标不一致的问题，提出了采用基于逆向型指标与正向型指标的一致化和无量纲化的赋值方法，构造了不同风险类型的评价结论集合和模型，结合在线监控的结果可动态计算大坝综合风险指数。企业根据大坝综合风险指数和具体指标值，在日常监督的基础上，重点监督风险指数偏高的大坝，采取有针对性的管控措施，并根据信息化平台的评价结果动态调整管控措施和监督方式，实现风险的精准管控。

第7章 超级坝群集约化安全监控和监督管理平台建设

7.1 概述

为实现超级坝群集约化安全监控和监督管理，某企业集团在前述各项业务方案研究的基础上，于2018年6月开始设计、建设全业务信息化平台，2020年1月正式上线运行。平台建设充分利用大数据、云服务、人工神经网络等先进技术，集成GIS+三维模型、APP、微信公众号等多种可视化、便捷化应用软件，针对不同用户、不同需求和不同工作场景，开发完成全业务应用网站、客户端、现场检查APP、大屏展示和微信公众平台共五种产品。通过认真调研、深入讨论，合理划分平台涵盖的各项业务功能，梳理各层级业务流程和各功能模块间的关系，确保各个模块功能先进、契合实际，各项业务流程清晰、应用简明便捷，满足不同层级用户各项大坝安全管理业务需求。

7.2 设计框架

7.2.1 平台架构

为了更好地实现对信息的统一集中管理和应用，平台将业务逻辑层和数据访问层封装为统一的服务层，发布在应用服务器上，以接口的方式为不同终端用户提供服务，从而实现对各类信息的查询和处理，这样的设计将有利于提高整个平台的稳定性，提高部署和运行维护的灵活性，提高服务器资源利用率，减少平台开发中的重复工作，减少运行中的维护工作。平台总体架构见图7.2.1-1。

其中，数据层存储、管理结构化数据和非结构化数据；服务层对数据进行封装，提供数据访问服务；应用层封装各类业务逻辑，提供各项业务服务；表现层为各类应用终端。

7.2.2 数据架构

数据架构分三层，最底层为数据采集层，主要负责数据的入库，也是数据集成的过程，包括实时采集、离线采集和第三方推送来的数据；第二层为数据处理层，主要通过数据入库时的实时处理和数据批处理来完成数据的计算、分析、监控与挖掘，最终向用户提供各类查询接口；最上层为数据应用层，是通过对数据的各种查询实现数据的展示、分析评价等业务。数据架构见图7.2.2-1。

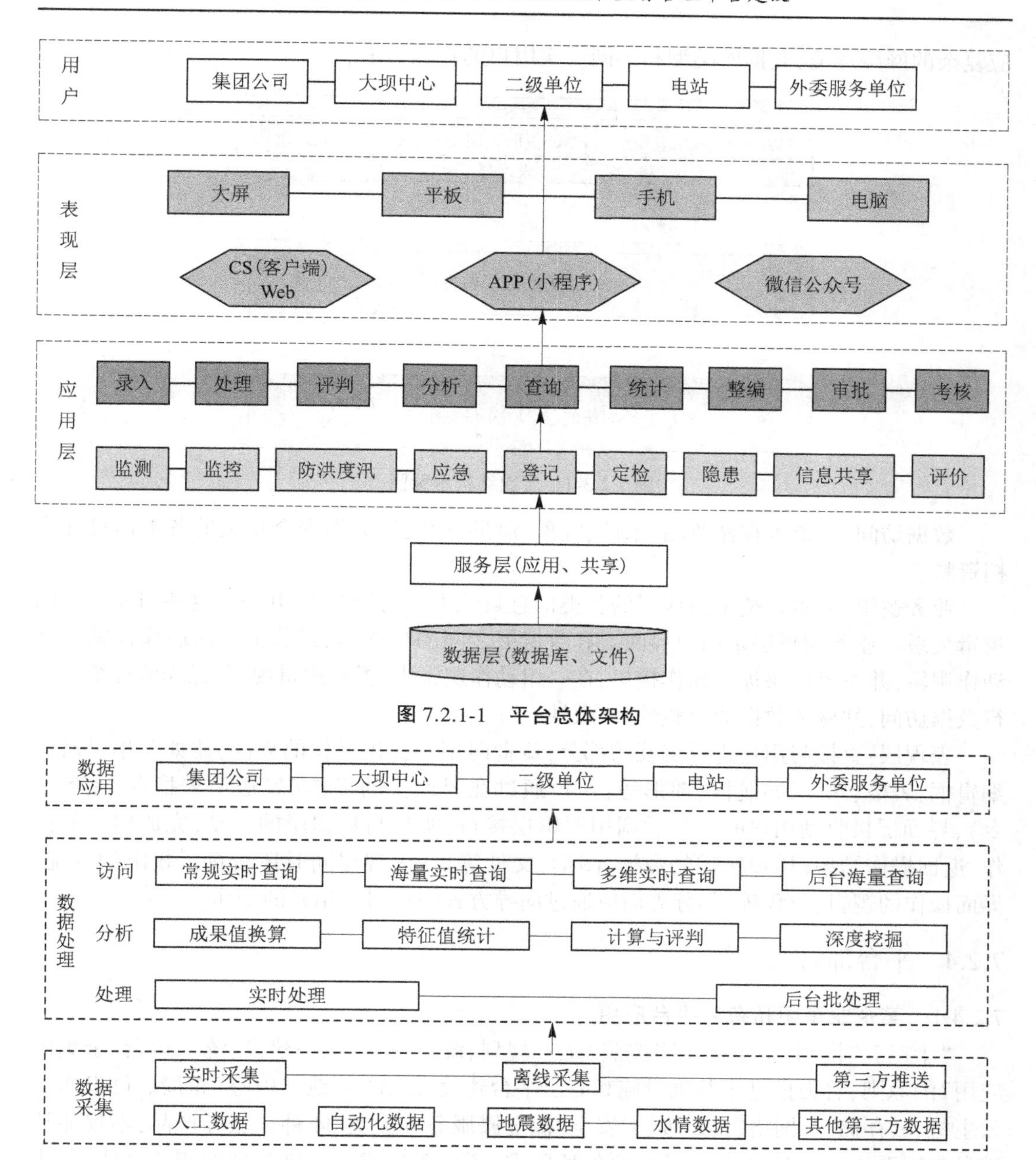

图 7.2.1-1　平台总体架构

图 7.2.2-1　数据架构

7.2.3　层次结构

整个信息平台软件采用 C/S 加 B/S 的混合结构模式，软件结构分别为数据访问层、业务逻辑层和表现层(包括 Windows 应用表现层、Web 页面表现层和 APP 应用表现层)(见图 7.2.3-1)。通过对软件层次结构的抽象和组合，能够将数据访问、业务逻辑处理和用户界面展示部分进行分割和组装，使得软件系统具备很好的伸缩性和灵活性，更好地适应复杂的网络环境、数据库类型和不同层次用户的特殊需求。

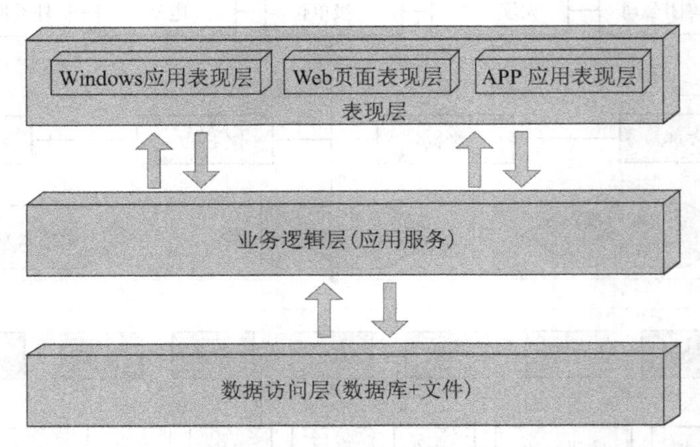

图 7.2.3-1　层次结构示意图

数据访问层:负责存储监测、水情、气象、泄洪、地震等大坝安全相关的各类信息和文档资料。

业务逻辑层:将系统中所使用的各类信息封装为不同的对象,并描述这些对象之间的逻辑关系。业务逻辑层是用户界面层和数据层之间的桥梁,它封装了界面层操作的一组动作逻辑,并对界面层提供操作接口,在一组动作逻辑中,根据逻辑规则,操作流程统一执行数据访问,并保证数据的完整性、一致性。

表现层:直接与用户进行交互的部分,负责向用户提供操作的界面,比如菜单、按钮、编辑框、表格、列表、导航树、图形等,用户通过在界面上的操作(发送请求指令、业务指令),界面层接收到用户的指令后调用逻辑层接口,实现与数据层的互动,完成用户的操作,返回操作结果(用户所需的数据、图形、文件等)。表现层同时还负责了权限的分配、界面操作的逻辑、流程等,部分界面应通过向导方式完成引导用户的操作。

7.2.4　平台部署

7.2.4.1　某企业集团私有云平台应用

“十三五”期间,某企业集团按照“统一规划、统一设计、统一建设、统一运营、全集团应用”的原则,着力推进了基础设施私有云平台建设,形成“两地三中心”布局。已发布了云主机、云存储、云网络、云运维、云安全、裸金属服务 6 大类 34 种云服务产品,不仅能够满足应用系统运行对 IT 基础设施的各种要求,还内置集成了运维管理的相关功能,同步提升 IT 管理的能力。

私有云平台部署在北京市某企业集团数据中心,通过接入及汇聚交换机连接数据中心的内外网核心交换机。大数据基础设施云资源池和同城灾备系统部署在中央研究院数据中心机房,作为同城云中心,提供大数据服务和同城灾备服务。为了保证大数据资源池访问和同城灾备系统的数据传输要求,企业集团数据中心和同城云中心大数据基础设施云资源池互联线路带宽为 200 M。某企业集团私有云平台结构示意图见图 7.2.4-1。

信息平台根据业务需求和数据容量申请使用私有云平台基础硬件资源,充分利用私有云平台的稳定性、安全性、冗余性等特性，以及比较完善的运行机制和运营体系，为信息化平台稳定高效运行提供基础硬件资源保障。

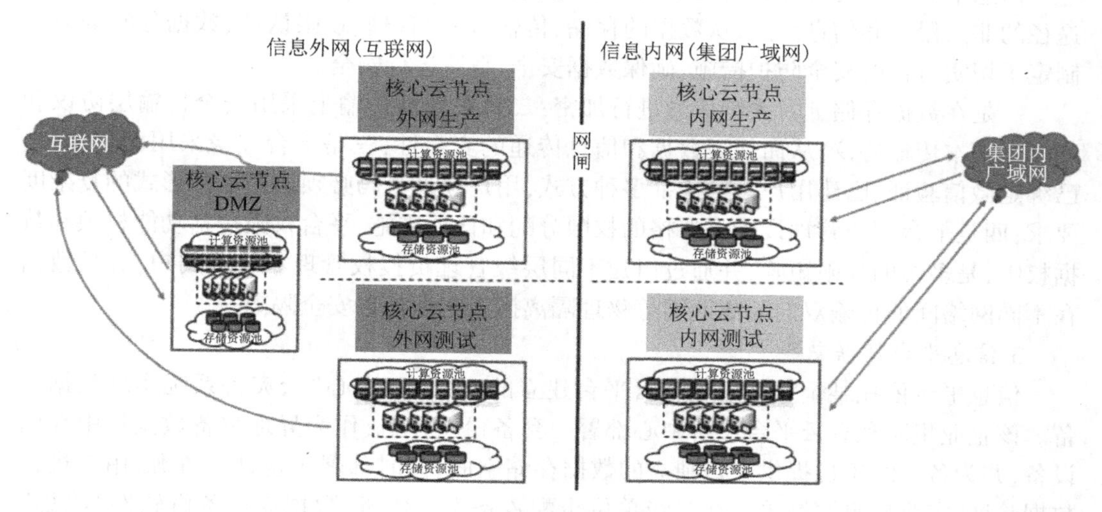

图 7.2.4-1　某企业集团私有云平台结构示意图

7.2.4.2　信息平台运行安全防护

1.基础硬件资源安全防护

信息平台基础硬件资源安全防护由某企业集团私有云平台安全防护措施保障。私有云平台安全的规划设计是基于 SaaS 云平台(软件即服务)概念，以“SDSec(软件定义安全)”这一思路为核心，构建“SecaaS”云平台(安全组件即服务)。基于云平台技术，通过将云中心所需的安全资源抽象化，基于 SecFV(安全功能虚拟化技术)形成安全资源池，搭配一套可管理、可运营开放的管理平台，使其具备灵活弹性、可编排、可监管等特点，实现面向云上用户和业务提供可自服务、按需索取的安全服务能力输出。

私有云平台安全由基础硬件资源平台和服务能力平台两部分构成，其中服务能力平台进一步划分为云安全管理平台和安全资源池两个部分，均由具备相应专业技术能力的服务人员提供安全保障服务。某企业集团私有云平台云安全技术架构见图 7.2.4-2。

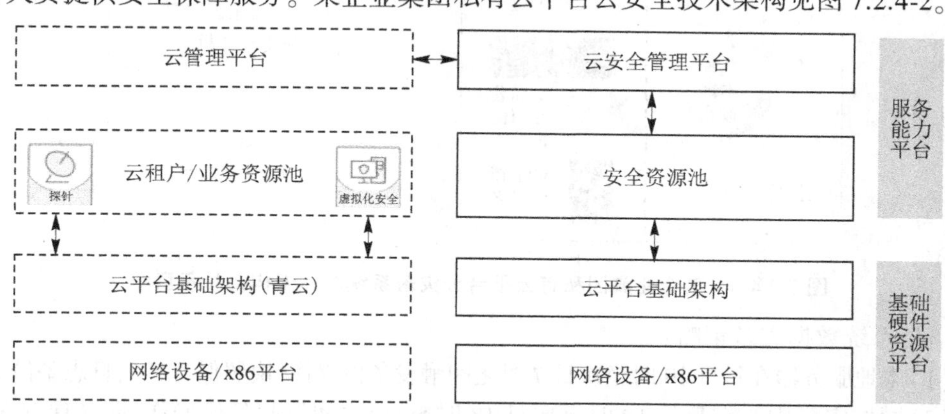

图 7.2.4-2　某企业集团私有云平台云安全技术架构

2.信息平台软件运行安全设计

信息平台软件运行在相对复杂的网络环境下,涉及网络区间较多,为防止各种形式与途径的非法侵入和信息泄露,从数据的存储、传输、用户管理、权限认证、数据分配等方面制定了切实可行的安全防护措施,确保数据安全、系统运行安全。

一是在数据存储上对关键信息进行加密;二是在数据传输上采用安全传输层协议和安全超文本传输协议,从而保证数据和信息传递的安全性;三是平台登录采用已建用户、已绑定微信验证、已建用户短信验证多种方式,用户登录密码必须满足多种形式的复杂度要求;四是平台用户管理设置了严格的权限分配和认证措施,平台权限包括功能权限和数据权限,是多维的权限矩阵,并通过组建不同层级管理员授权管理本单位用户;五是数据在不同网络间的传输双向隔离网闸等物理隔离措施实现信息安全隔离。

3.信息平台数据灾备

信息平台依托某企业集团私有云平台建立的"两地三中心"云灾备系统实现数据灾备。该企业集团私有云平台灾备中心部署一套备份一体机,作为异地灾备数据集中存储设备,并为各二级单位提供逻辑独立的数据存储空间,同时部署少量计算资源,用于进行数据验证、灾难恢复演练等。在二级单位也配置备份一体机,数据通过备份软件"收集"至备份一体机内,通过备份一体机对要备份的数据进行重复数据删除,通过定制灾备复制策略,定时将重删后的灾备数据复制至灾备中心备份一体机上。该企业集团私有云平台云灾备系统总体架构拓扑示意图见图 7.2.4-3。

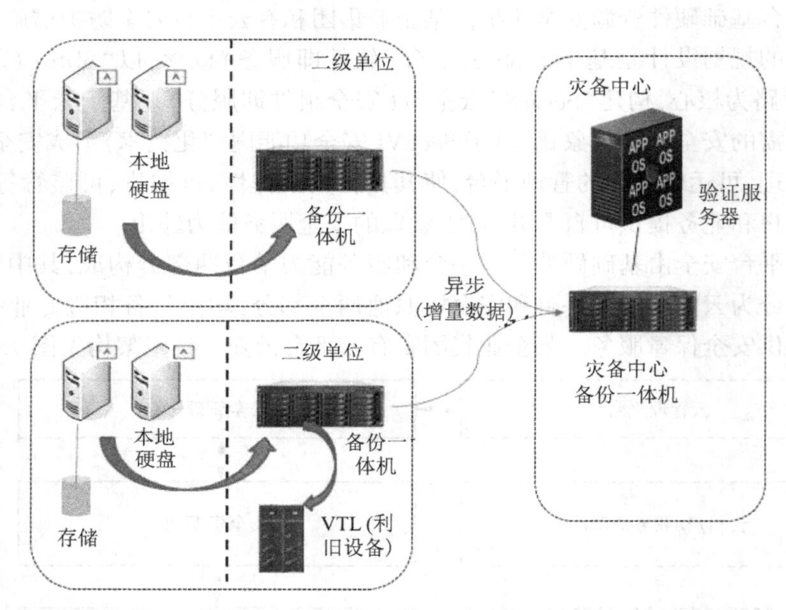

图 7.2.4-3　某企业集团私有云平台云灾备系统总体架构拓扑示意图

信息系统数据灾备策略:

(1)本地服务器在每日 19 时至次日 7 时之间触发备份操作,快照保存 5 d,日志备份 1 d。

(2)同城灾备中心在每日 19 时至次日 18 时 59 分之间发起备份操作,同城保存 30 d。

(3)异地灾备中心在每日 19 时至次日 18 时 59 分之间发起备份操作,异地保存 24 d。

7.3　用户端功能

7.3.1　管理网站

管理网站是该企业集团超级坝群集约化监控和监督管理统一工作平台,目标用户包括各级单位与大坝安全运维工作相关的技术人员和管理人员,为不同单位和不同权限的用户提供涵盖政府监管、大坝登记、在线监测、安全监控、安全检查、隐患管理、防洪度汛、应急支持、工作网和信息共享等所有大坝安全管理业务的技术支撑和服务,构建完备的大坝全生命周期电子档案库。管理网站现开发十大业务模块,各模块特点及简要功能见表 7.3.1-1。

表 7.3.1-1　管理网站十大业务模块特点及简要功能

业务模块	相关大坝安全管理业务
政府监管	特点:与国家能源局大坝安全监察中心水电站大坝安全运行监察平台数据库互通,实现用户仅需填报一次即可信息交互共享;记录、追踪监管事项 功能:注册登记、备案、定期检查、特种检查、专项检查、信息报送
大坝登记	特点:上百座大坝从设计到运行的全生命周期电子资料库 功能:在线进行登记申请、资料填报、审核、批准、查询、实时更新
在线监测	特点:应用统一大坝安全监测工作标准,规范大坝监测日常工作流程,掌握集团各大坝安全监测现状 功能:数据录入、查询展示、异常报警、统计分析,设备状态管理,监测工作管理
安全监控	特点:根据多种评判措施设定监控方案,对监测、现场检查及结构安全度计算等成果进行实时融合分析,并结合 GIS+三维技术实现梯级流域大坝监控成果展示 功能:监控方案设置、结构安全分析诊断,GIS+三维构建水工建筑物模型
安全检查	特点:在线组织定检巡查工作,追踪安全检查过程、记录检查结果、跟踪处理流程、问题闭环管理 功能:定检巡查、日常巡检、特种检查、专项检查
隐患管理	特点:统一管理各项大坝安全管理工作中发现的隐患 功能:隐患信息查询、处理流程跟踪、状态变更管理
防洪度汛	实时掌握汛情动态,防汛检查、防汛基本资料管理(运行调度计划、防汛组织机构等)
应急支持	特点:通过信息汇聚和共享、现场监控视频,为应急会商、决策提供支持 功能:应急预案管理、应急组织机构信息管理、应急物资管理、应急简报快报、处置总结报告
工作网	特点:建立集团大坝安全管理人才库;利用大数据分析技术,从数据的及时性、完整性、有效性等方面实现对各级单位大坝安全管理工作的监督、监控及质量评价 功能:专家库,人员管理,工作评价
信息共享	共享法律法规、技术资料、工程案例、培训资料,发布新闻、工作动态、通知

7.3.2 客户端

客户端是专业水工人员日常监测工作的平台，是超级坝群集约化监控和监督管理平台内监测数据来源与质量控制的关键，是后期数据展示与分析评价的基础。用户可通过客户端单独开展在线监测和安全监控工作，也可通过网站端开展相关工作，不同平台间数据信息实现同步。客户端的主要功能包括：监测平台基础信息管理以及监测数据采集与录入、计算、审核、查询、统计、分析、整编，旨在提高基层监测技术人员的工作效率和工作质量。客户端各项功能简图见图 7.3.2-1。

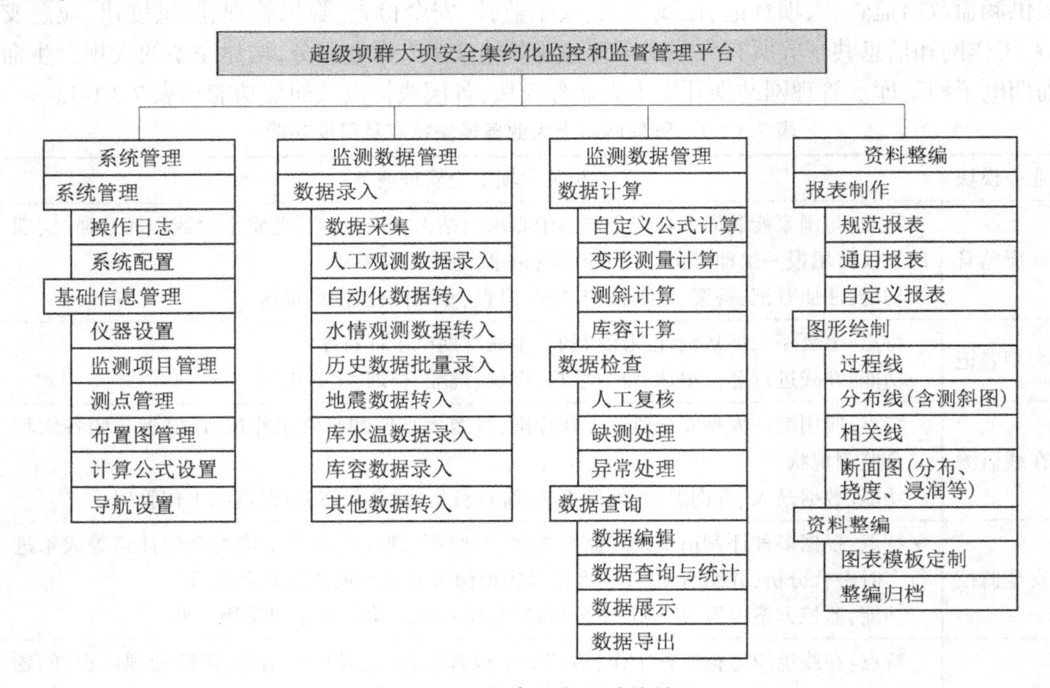

图 7.3.2-1 客户端各项功能简图

7.3.3 现场检查 APP

现场检查 APP 是为实施现场检查的工作人员开发的数字化专业工具，用户可通过 APP 查看检查任务、检查要求，录入检查成果，录入缺陷信息，查询检查记录。如何利用 NFC 扫码功能对重要的检查对象进行“打卡式检查”，有效避免漏检；可追踪各项检查工作进展，还可统计步数和检查历时等，这些措施都可监督现场检查工作是否按要求开展。

现场检查 APP 可接收网页端建立的任务，也可根据实际状况在移动端创建临时检查任务。用户接收到检查任务后，即可通过手机客户端查看检查要求，按照引导进行检查。巡检步骤依次为扫描标签、填写对象检查状况、记录缺陷、完成区段检查、完成路线检查。现场检查工作管理特点见图 7.3.3-1。

图 7.3.3-1 现场检查工作管理特点

使用现场检查 APP 可使现场检查工作标准化,形成的检查成果形式丰富(文字、数据、图片、视频),用户可在多终端远程实时查看检查成果。对比多次检查结果,可对缺陷隐患的发生、发展以及治理情况进行完整追溯。

7.3.4 微信公众号

微信公众服务平台主要用于用户在现场、户外等场景下便捷地查询大坝基本信息、各项业务概况、重要测点监测数据、大坝安全诊断结果、工程隐患及其处置情况、汛情信息;可接收突发事件提醒、结构异常预警以及任务提醒;可填报重要测点监测结果、应急简报等。微信平台具体功能见表 7.3.4-1。

表 7.3.4-1 微信平台具体功能

功能模块	概述
大坝概览	查看大坝基本信息
业务纵览	查看各项大坝安全管理业务摘要
监测监控	查询监测系统概况、测点状态;填报测值;查询监控诊断结果,查收异常报警信息
隐患查询	查询隐患基本信息、治理进度、变更历史
防洪度汛	查询水雨情,查看防汛简报、周报,值班打卡
任务待办	接收任务提醒,查看待办事项

7.3.5 大屏

大屏主要用于大坝日常监测监控、防汛管理、应急支持等业务信息以及大坝安全管理各项工作的整体态势展示,同时可作为技术会商工具。

平台运行中会产生大量的业务数据,除了通过图表展示,平台还以各类工作场景为主线,将监测、检查等大坝安全管理业务数据与 GIS、高清全景影像、数字高程模型、正射模型、倾斜摄影等多源异构数据模型进行融合,建立了图数互联的大坝安全管理二、三维数字化空间,使信息以更加直观的形式展现在用户眼前,使用户得以更全面地了解问题、更深入地分析问题。GIS+倾斜摄影应用展示见图 7.3.5-1。

图 7.3.5-1　GIS+倾斜摄影应用展示

7.3.6　视频监控

采用某企业综合安防可视化视频集成系统将各大坝汇聚点不同厂家平台的视频信息进行集成。各大坝汇聚点在集成过程中对本单位视频监控系统运行情况进行逐点排查、改造，确保摄像头监控点位能够覆盖坝顶和上、下游坝面，左、右岸坝肩及枢纽区边坡，混凝土坝的基础廊道、岸坡连接坝段，土石坝的坝脚、防浪墙与防渗体的结合部位、岸坡连接坝段，泄洪闸门、泄槽、消能设施等易阻水部位，有失稳迹象，且失稳后影响工程正常运用的近坝库岸和工程边坡，以及重要监测设施等区域。视频监控信息集成平台功能展示见图 7.3.6-1。

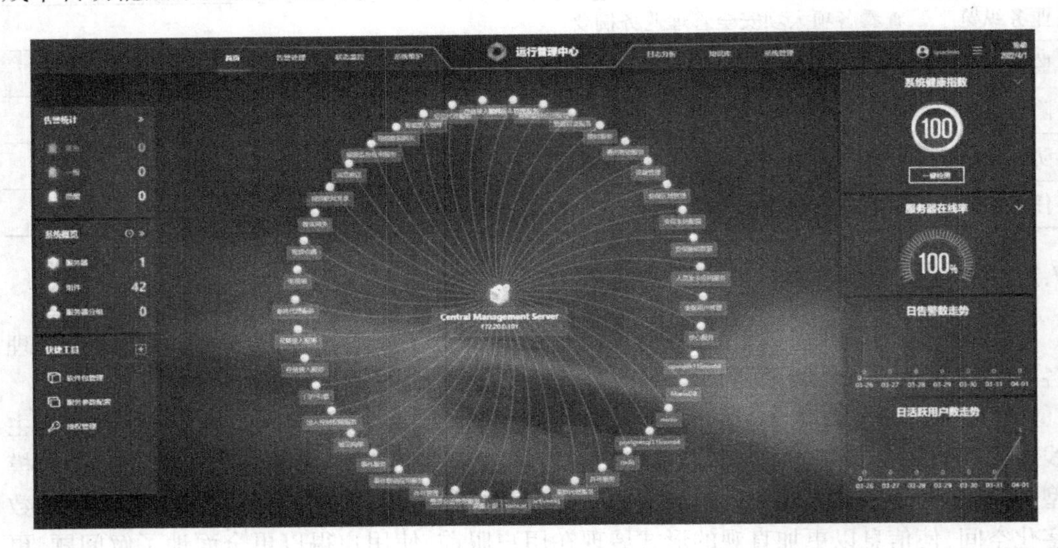

图 7.3.6-1　视频监控信息集成平台功能展示

7.4　平台使用

7.4.1　集约化监控

平台能够通过即时在线、精准评判、分级预警等特点对超级坝群出现的不安全现象和潜在的不安全征兆进行全面的集约化监控。不论是大坝中心、二级单位，还是三级单位的平台用户，都可以根据权限，全面、准确地掌握所辖大坝运行性态，及时发现异常情况，有效管控风险，极大地提高了大坝安全管理工作效率。集约化监控概览见图 7.4.1-1，大坝异常查询及统计界面见图 7.4.1-2。

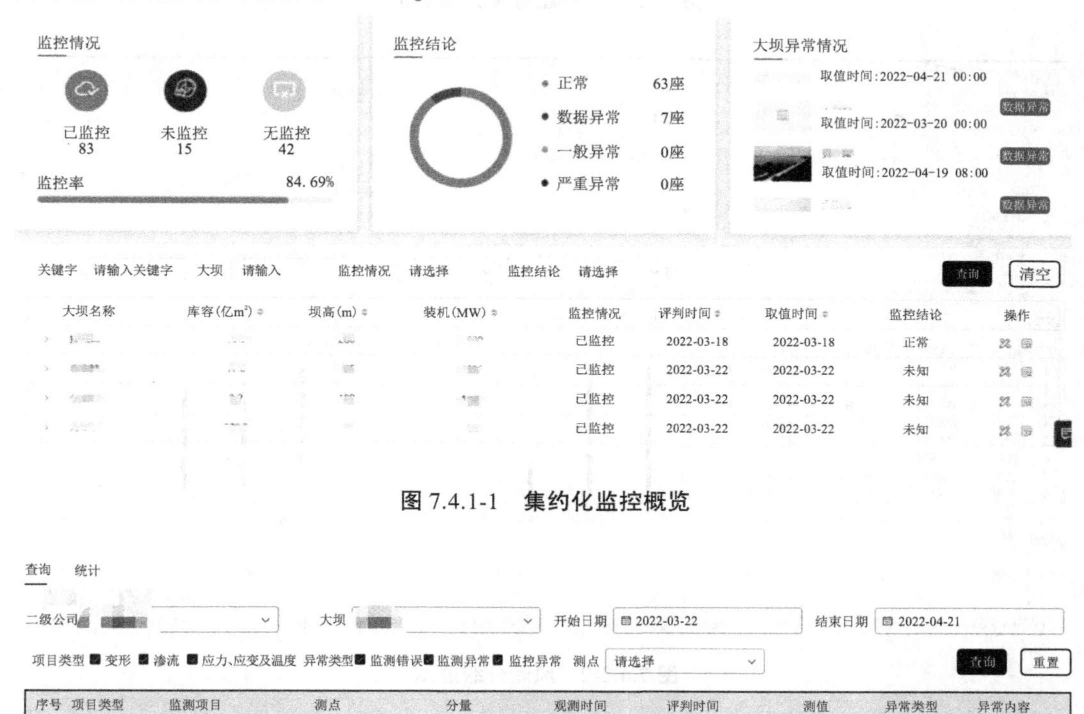

图 7.4.1-1　**集约化监控概览**

图 7.4.1-2　**大坝异常查询及统计界面**

7.4.2　集约化监督管理

该企业集团组织对所辖大坝开展全覆盖定检巡查，并将发现的隐患与政府监管发现的隐患统一分类分级（见图 7.4.2-1），通过平台在线追踪检查过程、记录检查结果、跟踪处理流程形成闭环管理，实现了对超级坝群集约化安全监督管理的全覆盖，特别是有效监督保障了小水电站大坝的安全。风险分级展示见图 7.4.2-2。

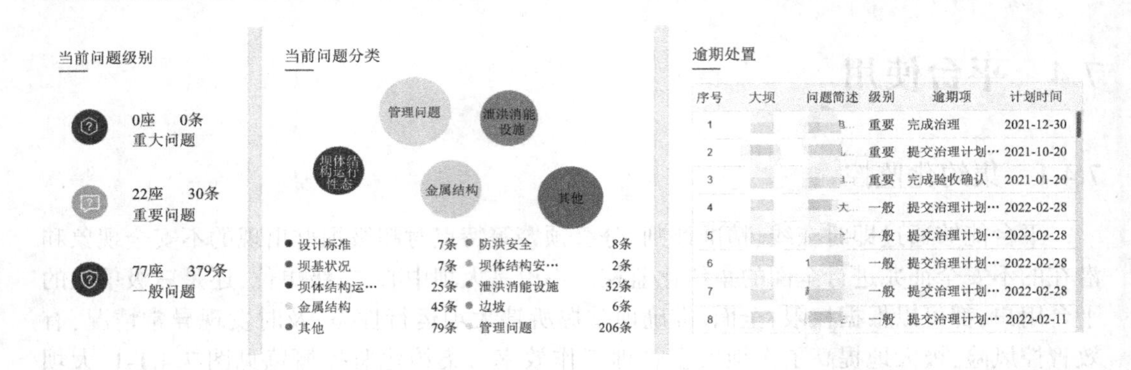

图 7.4.2-1 问题分类分级展示

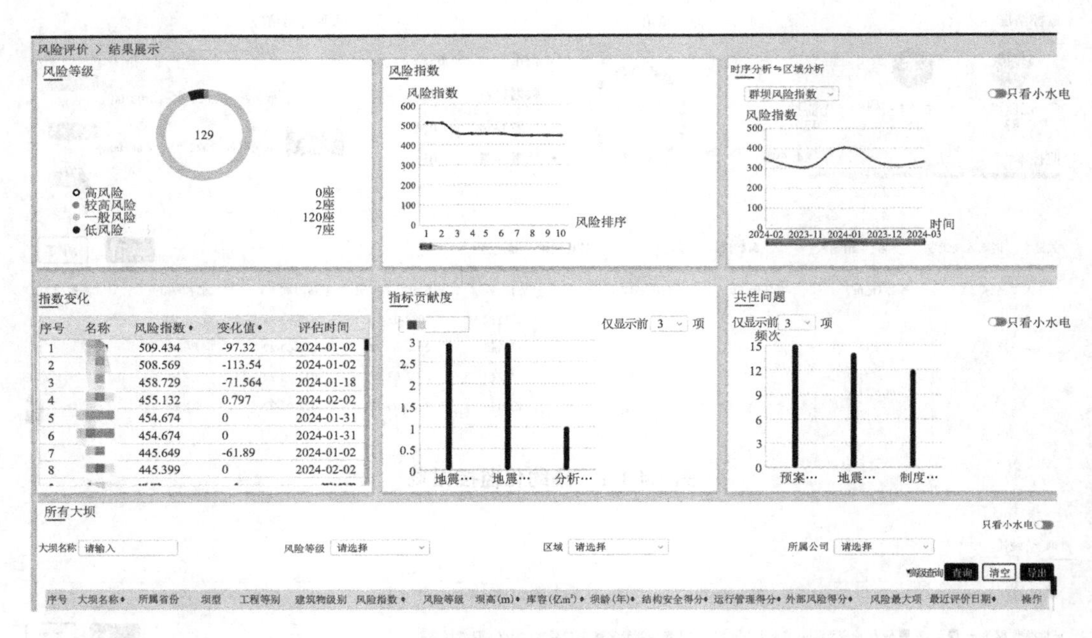

图 7.4.2-2 风险分级展示

第 8 章　结束语

8.1　应用推广

集约化监控：为提高某企业集团所属上百座大坝的监控质量和效率，实现大坝监测监控全覆盖，大坝中心根据工作需要和实际情况，在涉坝二级单位通过设置现场观测层、异常诊断层、决策层三个层级实现对大坝安全运行性态进行全方位监控，建立该企业集团大坝监测集约化监控体系，并已在二级单位贵州金元试点取得成功。在此基础上，后期继续将该试点工作在各涉坝进行推广。通过细化完善联合分析诊断和跟踪监控机制，保障监测监控及时有效，进而形成符合实际的大坝安全监测集约化监控体系。

集约化监督管理：截至 2020 年底，某企业集团完成了小水电站（水库）大坝定检巡查全覆盖，全面掌握了集团公司小水电站（水库）大坝安全性态、管理状况和存在问题，针对问题提出了明确的整改建议，充分发挥了集约化监督管理作用。通过三年小水电站（水库）大坝定检巡查，以及国家能源局大坝安全监察中心的监管检查，基本形成了适合该企业集团特点的大坝安全监督管理体系，该企业集团大坝安全集约化监管成效显著。行业主管部门和行业学会对集团公司大坝安全管理工作给予了充分肯定，该企业集团大坝安全管理影响力在行业内逐步扩大。

8.2　建　议

（1）本书提出的集约化思想是集团级公司大坝安全管理的趋势，实现时需要考虑统一和个性的关系，例如：在统一监控的框架下继续对重点工程的个性问题进行研究。

（2）本书提出的集团级监督管理措施应在后期评价其有效性，根据发现的问题及时调整，保证监督管理持续有效。

（3）本书提出的隐患排查治理和风险分级管控方法还需要进一步验证和评价，特别是要研究重点工程和重点流域的风险管控联动措施。

参 考 文 献

[1] 林继镛.水工建筑物[M].5 版.北京:中国水利水电出版社,2009.
[2] 刘树棠.信号与系统[M].2 版.北京:电子工业出版社,2020.
[3] 汝乃华,牛运光.大坝事故与安全·土石坝[M].北京:中国水利水电出版社,2001.
[4] 汝乃华,姜忠胜.大坝事故与安全·拱坝[M].北京:中国水利水电出版社,1995.
[5] 何金平.大坝安全监测理论与应用[M].北京:中国水利水电出版社,2010.
[6] 国家能源局.混凝土坝安全监测技术规范:DL/T 5178—2016[S].北京:中国电力出版社,2016.
[7] 中华人民共和国住房和城乡建设部,国家市场监督管理总局.混凝土坝安全监测技术标准:GB/T 51416—2020[S].北京:中国计划出版社,2020.
[8] 国家能源局.混凝土坝安全监测系统施工技术规范:DL/T 5784—2019[S].北京:中国电力出版社,2019.
[9] 国家能源局.混凝土坝安全监测资料整编规程:DL/T 5209—2020[S].北京:中国电力出版社,2021.
[10] 国家能源局.土石坝安全监测技术规范:DL/T 5259—2010[S].北京:中国电力出版社,2011.
[11] 王耀南.计算智能信息处理技术及其应用[M].长沙:湖南大学出版社,1999.
[12] 谭永基,蔡志杰.数学模型[M].3 版.上海:复旦大学出版社,2019.
[13] 尹晖.时空变形分析与预报的理论和方法[M].北京:测绘出版社,2002.
[14] 徐国祥.统计预测和决策[M].上海:复旦大学出版社,1994.
[15] 费业泰.误差理论与数据处理[M].7 版.北京:机械工业出版社,2015.
[16] 赵二峰.混凝土坝运行性态诊断与控制[M].南京:河海大学出版社,2021.
[17] 黄维,彭之辰,杨彦龙,等.水电站大坝运行安全关键技术[M].北京:中国电力出版社,2023.
[18] 顾冲时,赵二峰.大坝安全监控理论与方法[M].南京:河海大学出版社,2019.
[19] 杨华舒,符必昌.红土大坝运行安全的研究与实践[M].北京:中国和平出版社,2015.
[20] 国家电网有限公司设备管理部.新一代变电站集中监控系统典型设计与典型造价[M].北京:中国电力出版社,2023.
[21] 王慧斌,王建颖.信息系统集成与融合技术及其应用[M].北京:国防工业出版社,2006.
[22] 周成虎.集成地震目录数据库及其应用研究[M].北京:中国水利水电出版社,2005.
[23] 赵鸿章.数字视频处理[M].北京:北京师范大学出版社,2009.
[24] 刘荣桂.BIM 技术及应用[M].北京:中国建筑工业出版社,2017.
[25] 李渊.GIS 技术应用教程[M].北京:中国建筑工业出版社,2021.
[26] 李树刚.安全监测监控技术[M].北京:中国矿业大学出版社,2008.
[27] 饶志宏.网络空间安全监测预警[M].北京:电子工业出版社,2022.
[28] 韩力群,施彦.人工神经网络理论、设计及应用[M].3 版.北京:化学工业出版社,2023.
[29] 国家电力监管委员会安全监管局.水电站大坝安全监督管理法规手册[M].北京:中国电力出版社,2007.
[30] 马福恒.水库大坝安全评价[M].南京:河海大学出版社,2019.
[31] 向衍.水库大坝主要隐患挖掘与处置技术[M].南京:河海大学出版社,2019.
[32] 中国电建集团华东勘测设计研究院,国家能源局大坝安全监察中心.水电站大坝运行安全关键技术[M].北京:中国电力出版社,2023.
[33] 盛金保.水库大坝风险及其评估与管理[M].南京:河海大学出版社,2019.